日日轻食

低油少糖的
减脂家常菜

沙小囡 ● 著

中国轻工业出版社

享受烟火乐趣　品尝滋味人生

朋友眼中的我是"知食分子"一枚，不是专业大厨，却是资深吃货！除了一日三餐，周末我经常约三五好友在家小聚，做的也都是很家常的食物。感受食材从下锅到上桌的变化，赋予食材二次生命的同时我也品尝到了人生之趣。

随着营养知识的慢慢丰富，我意识到饮食健康的重要性。这些年很流行的轻食也渐渐占据了我的餐桌。轻食不是指一种特定的食物，而是餐饮的一种形态，轻的不仅是食材的分量，更是烹饪方式，以保留食材本来的营养和味道。轻食，可以有效地帮我们控制食欲，但并不是饿肚子，而是在饱腹的同时吸收高营养。日常做家常菜我会选择蒸、炖、煮、烤、拌等少油的烹饪方式，可以减少胃肠道负担。食材上，选择时蔬、鲜果、低脂优质肉类；调味料选用健康的食用油、零卡糖以及低卡酱料，椒盐、蒜盐等也大多自己制作，轻调味、重食材。轻食让我们营养摄取无负担、无压力、更健康，同时引申出一种积极阳光的生活态度和生活方式。

如果说，诗和远方是灵魂的向往，那么人间烟火便是肉体的归宿。我们总是说人间烟火气，最抚凡人心。很多时候，令人不悦的周遭，会让人觉得我们只是单纯地活着。很多时候，烦心的琐事，甚至会让人忘记食物的味道，只是索然无味地去填饱肚子。慢下来，坐下来，方能在平凡的生活琐事里觅得烟火乐趣。

我写的不是菜谱，拍的不是照片，而是对美好生活的记录。

这一生，我们都要快快乐乐的。

轻食这个词如今大家已不陌生，它是指采用营养密度高且低卡的食材，加以简单的烹饪方式，膳食结构和营养成分均满足人体正常需求的健康饮食。轻食的理念是"三低一高"，即低糖、低盐、低油、高纤维。

食材选择
遵循低热量、高营养、高纤维的特点。在保证合理的膳食结构基础上尽量做到每餐都包括谷薯类、优质蛋白类、蔬果以及奶制品。

烹饪方式
蒸、煮、炖、烤、拌是适合轻食的烹饪方式，避免油煎、爆炒、油炸，既可以防止食物中营养素过度流失，减少过量脂肪的摄入，还可以避免摄入高油温烹调所产生的有害物质。

低油

- 尽量选多不饱和脂肪酸油类，如橄榄油、菜籽油、山茶油、核桃油、大豆油、花生油、玉米油、芝麻油、葵花子油、亚麻子油等。

- 利用低油烹饪工具，如：电烤箱、微波炉、空气炸锅等，喷油壶、沥油架、吸油纸也能有效减少用油。

- 控制烟点，油温控制在90～120℃为宜，避免油温过高冒烟产生有害物质。

- 很多肉类本身含有脂肪，如鸡肉、五花肉等，在烹饪时可以不放油或者少放。

- 烹饪肉类时可以多加一些素菜或用少油食材代替，比如做丸子时，可以放入藕、冬瓜等，将五花肉换成猪颈肉、鸡肉、鱼肉等。

- 原本应该过油的料理方式改成焯水，焯水后食材表面有层水，可以隔绝油的渗入。

- 煲汤时撇去浮油，既减少油脂摄入，汤色也会更清。

低盐

- 用控盐勺。
- 避免酱油、鸡精、味精等调味品同时使用。
- 出锅前撒盐，这样盐不用渗入食材内部就能感觉到明显的味道，可以减少盐的用量。
- 适当添加柠檬汁、醋、番茄等调味，既可以减少盐的用量，又能让味道更好。
- 做汤时用适量虾皮、紫菜、雪菜、咸菜等来代替盐提鲜，雪菜、咸菜等要提前浸泡去除大部分盐分。

低糖

- 用控糖勺。
- 减少使用含糖量高的酱汁调料，利用食材本身的甜味，如蒸饭时加入一些南瓜、燕麦等。
- 尽量少放白糖，或者用蜂蜜、零卡糖等代替白糖。

- 部分菜品图片含有装饰物，不作为必要食材元素出现在菜谱文字中，可根据自己的喜好添加。
- 书中标注的烹饪时间通常不含浸泡、冷却、腌制时间，仅供参考。
- 菜谱用料中1勺约为15克，1小勺约为5克。
- 部分菜品总热量高，可酌情减少食用量。

目录

轻蔬食

凉拌素丝/002

擂椒皮蛋拌茄子/003

凉拌豇豆/004

凉拌豆皮/005

荠菜拌香干/006

苦尽甘来/007

凉拌穿心莲/008

凉拌石花菜/009

酸辣海带苗/010

酸甜脆爽渍萝卜/011

韩式杂菜/012

洋葱木耳炒鸡蛋/014

外婆菜炒蛋/015

藜麦时蔬烘蛋/016

青瓜厚蛋烧/017

蛋饺烩丝瓜/018

北非蛋/020

荷塘小炒/021

木耳炒山药/022

无油炸山药/023

蒸面条菜/024

五福临门/025

八宝百财福袋/026

绿野鲜菇/028

响油素鲍鱼/029

香煎姬松茸/030

素佛跳墙/031

葱油芋头/032

虾皮萝卜丝/033

千叶豆腐青菜粉丝煲/034

香椿豆腐饼/036

上汤娃娃菜/038

轻肉食

川味椒麻鸡/040

酸辣柠檬鸡爪/041

彩椒鸡肉串/042

无油柠檬干锅烤翅/043

黑椒鸡肉玉米脆皮肠/044

免油炸韩式鸡柳/046

香肠苦瓜蒸排骨/047

娃娃菜卷肉/048

腌笃鲜/049

彩椒牛肉串/050

金针肥牛/051

黄焖牛肉/052

番茄炖牛腩/054

缤纷果蔬香煎鱼排/055

香煎龙利鱼配碧根果芒果莎莎/056

清蒸大黄鱼/057

虫草花蒸鱼片/058

酸汤鱼片/059

老坛酸菜鱼/060

盐烤青花鱼/061

干锅焗鲢鱼煲/062

无油干炸带鱼/064

鲜虾牛油果沙拉/065

低脂捞汁大虾/066

酸汤虾片/068

翡翠烩三鲜/070

虾滑蒸冬瓜/071

丝瓜鲜虾煲/072

金针虾仁豆腐煲/074

虾仁豆腐蒸水蛋/076

低脂蛤蜊酿虾滑/077

花蛤粉丝煲/078

蒜蓉粉丝蒸贻贝/079

蒜蓉粉丝蒸籽乌/080

海虹拌菠菜/082

温拌鲍鱼/083

白灼小章鱼/084

轻主食

糖果金枪鱼三明治/086

苹果玫瑰花吐司/087

懒人小餐包/088

椰蓉蜜豆小餐包/089

牛角小面包/090

多谷物紫薯蝴蝶结小面包/092

无油杂粮全麦司康/093

土豆泥黄瓜寿司卷/094

时蔬肉松饭团/095

低脂饭团/096

嫩牛口袋饼/098

芝香肉松海苔华夫饼/100

菠菜红豆沙糯米饼/101

蔓越莓玉米卷/102

榆钱窝窝/103

翡翠白菜蒸饺/104

玫瑰花蒸饺/106

健康减脂便当/108

日式碎鸡饭/110

鲜鱿盖饭/111

肥牛盖饭/112

石锅拌饭/113

番茄火腿烩魔芋米饭/114

花样蛋包饭/115

番茄鸡蛋炒"饭"/116

藜麦炒饭/117

海苔拌饭/118

荞麦凉面/119

朝鲜冷面/120

芝麻酱荞麦面皮/122

番茄意面配蒜香牛肉粒/123

香菇鸡蛋炸酱面/124

海鲜魔芋乌冬面/126

轻汤饮

山药玉米排骨汤/128

莲藕脊骨汤/130

泡菜五花肉豆腐汤/131

金汤鲜虾豆腐/132

蛤蜊冬瓜汤/133

薏米山药鲫鱼汤/134

清汤鸡肉丸子/136

菌菇土鸡汤/138

三鲜菌菇汤/139

豆腐丸子青菜汤/140

时蔬豆腐汤/141

韩式大酱汤/142

海参小米粥/143

滋补银耳莲子羹/144

杂粮米糊/145

酸梅汤/146

菠萝喳喳/147

梅子绿茶/148

薄荷西瓜清凉饮/149

蔓越莓冰爽柠檬水/150

柠檬薏米水/151

生椰拿铁/152

珍珠奶茶/153

牛油果香蕉奶昔/154

白桃乌龙茶冻撞奶/155

木瓜银耳炖牛奶/156

轻甜点

烤牛奶/158

火龙果椰蓉奶冻/159

半糖蔓越莓奶冻/160

木瓜奶冻/161

酸奶燕麦脆南瓜杯/162

蜜豆龟苓膏/163

芒果黑糯米甜甜/164

咖啡豆豆小饼干/165

杏仁奶酥小饼/166

童年奶片/167

椰蓉榴莲扭扭酥/168

脆皮蜜薯球/169

蛋白椰丝球/170

无奶油蜜豆蛋挞/171

蔓越莓蛋挞/172

抹茶蜜豆毛巾卷/174

全麦吐司香蕉派/176

椰香蜜薯派/177

铃铛烧/178

荞麦仙豆糕/180

舒芙蕾/182

燕麦坚果能量棒/183

轻蔬食

凉拌素丝

🕐 10 分钟　　△ 焯、拌
☆ 简单　　　🍚 429 千卡
✓ 补充铁元素

一道爽口的凉拌菜，最适合天气
炎热的时候，清清爽爽。

用料

胡萝卜 50 克	蚝油 1 勺
绿豆芽 50 克	清香米醋 1 勺
水发木耳 10 朵	鲜味酱油 1 勺
豆腐皮 1 张	香油 1/2 勺
香菜 1 根	辣椒油 适量
熟白芝麻 适量	鸡精、零卡糖 少许

做法

1　豆腐皮、胡萝卜、水发木耳切
丝，香菜切段备用。

2　将豆腐皮丝、木耳丝和绿豆
芽分别焯水断生，沥干后放入容
器中。

3　将上述食材外的用料调成料汁，
淋在蔬菜上。

4　拌匀即可。

小贴士

凉拌料汁里可以根据个人口
味加点儿蒜末。

擂椒皮蛋拌茄子

低卡减脂，好吃不胖！蒜末、虎皮尖椒、皮蛋、软糯糯的蒸茄子拌在一起，这口感真绝！做法也很简单，15分钟搞定。

用料

长茄子 1 ~ 2 根	鲜味酱油 2 勺
尖椒 4 个	清香米醋 1 勺
小米辣 2 个	蚝油 1 勺
蒜 3 瓣	香油 1/2 勺
皮蛋 1 个	零卡糖 少许

小贴士

这个擂椒皮蛋拌茄子热量很低，减脂可以放心吃。直接吃、弄个三明治、拌饭、拌面、抹面包都可香啦。

🕐 15分钟　　🍴 蒸、拌
☆ 简单　　　🔥 278 千卡
✔ 低热量 ｜低饱和脂肪｜低糖

做法

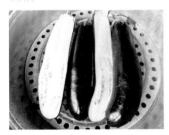

1　长茄子洗净，上锅隔水大火蒸10分钟。

2　尖椒洗净，放入平底锅中，不放油，煎至表面微焦。

3　蒜去皮、切末，小米辣切圈，皮蛋切小块。

4　蒸好的茄子放凉，煎好的尖椒去蒂、去籽，放入大碗中，用擀面杖捣碎。

5　加入蒜末、小米辣、皮蛋、鲜味酱油和清香米醋。

6　再加入蚝油和零卡糖，淋香油拌匀。

凉拌豇豆

⏱ 20分钟　　🍳 煮、拌
☆ 简单　　🔥 78千卡
✔ 低热量 | 低脂

天气炎热时就应该来几口凉拌菜，这才是对吃饭时刻的尊重。

用料

豇豆 200 克　　　　　盐 少许
蒜 2 瓣　　　　　　　柠檬沙拉汁 3 勺
小米辣 2 个

小贴士

❶ 煮豇豆时水中可以加点儿盐，保持豇豆翠绿。
❷ 凉拌汁可根据个人口味调整用料。

做法

1 豇豆洗净，冷水下锅煮约10分钟，煮熟后捞出，过凉。

2 将豇豆撕开，一分为二。

3 拨出中间的豆子，备用。

4 豇豆一端对折，用另一端一点点缠绕。

5 把所有绕好的豇豆结摆入盘中，放上豆子。

6 小米辣切碎，蒜切末，加柠檬沙拉汁和盐拌匀，淋在豇豆上即可。

凉拌豆皮

⏱ 10 分钟　　🍳 焯、拌
☆ 简单　　　🔥 478 千卡
✔ 富含蛋白质

好吃不胖的凉拌豆皮，口感滑嫩软香，还能补充蛋白质，没下过厨房的人也能轻松做。

用料

干豆皮 80 克	凉拌酱油 2 勺
黄瓜 1/2 根	清香米醋 1 勺
胡萝卜 1/2 根	蚝油 1 勺
蒜 3 瓣	香油 1/2 勺
香菜 1 根	零卡糖 少许

做法

1 干豆皮用温水泡软，焯1分钟后捞出沥干。

2 胡萝卜、黄瓜切丝，香菜梗、蒜切末备用。

小贴士

可根据个人口味加辣椒油。

3 取一小碗，放入蒜末和香菜梗，加入凉拌酱油、蚝油、清香米醋、零卡糖和香油拌匀成料汁。

4 将焯好水的豆皮、胡萝卜、黄瓜和香菜叶放入大碗中，浇上料汁，拌匀即可。

荠菜拌香干

⊙ 10 分钟　　◬ 焯、拌
☆ 简单　　　 ❂ 212 千卡
✔ 低饱和脂肪 | 低胆固醇 | 高钙 | 低盐

荠菜时令性很强，春天的荠菜味道最为鲜美。除了凉拌，将荠菜切碎剁细，包成饺子或做成肉丸，都是不错的选择。

用料

荠菜 250 克　　　　　鲜味酱油 2 勺

香干 2 块　　　　　　香油 1 勺

蒜 2 瓣　　　　　　　鸡精 少许

做法

1　荠菜择洗干净，放入开水中焯一下。

2　将焯好的荠菜捞出，攥干水后切碎。

3　蒜去皮，和香干一起切碎。

4　把荠菜、蒜碎、香干碎放入容器中，加鲜味酱油、香油和鸡精拌匀。

5　压入模具后扣在盘子中。

小贴士

焯好的荠菜一定要把水分攥干再烹饪。可以用保鲜袋封好，冷冻保存。

苦尽甘来

⏱ 15分钟　　△ 焯、拌
☆ 简单　　　◎ 409 千卡
✓ 低饱和脂肪

天气炎热，吃不下饭怎么办？不妨吃一些
苦味食物。这道"苦尽甘来"入口微甜、
口感爽脆，不爱吃苦瓜的人也敢大口吃。

用料

苦瓜 1 根　　　　　　　浓缩橙汁 20 毫升

干百合 15 克　　　　　零卡糖 6 克

哈密瓜 1/2 个　　　　　盐 1 克

蜂蜜 20 克　　　　　　雪碧 100 毫升

做法

1　苦瓜切头去尾，切成同样长短
的小节，对半切开，去瓤，再抹
刀切成凤尾状。

2　将苦瓜放入冰水中浸泡2小时。

3　干百合泡发后洗净，焯水后
捞出。

4　哈密瓜挖出果球。

5　将浸泡好的苦瓜沥水，码入盘中。

6　放上哈密瓜球和百合。

7　将蜂蜜、浓缩橙汁、零卡糖、
盐、雪碧搅拌均匀，调成料汁。

8　上桌后在苦瓜上浇上汁。

小贴士

苦瓜抹刀切成凤尾状，将肉
露出，甜味才能充分渗透进
去，中和苦味。

凉拌穿心莲

- ⏱ 10 分钟
- 🍳 焯、拌
- ☆ 简单
- 🔥 164 千卡
- ✔ 低饱和脂肪 | 低糖

穿心莲能够解热、抗炎，炎热的日子里吃它最对味儿！清新爽口，开胃又健康。

用料

穿心莲 250 克	鲜味酱油 2 勺
木耳 1 小把	清香米醋 1 勺
蒜 3 瓣	香油 1 勺
小米辣 2 个	

做法

1 穿心莲洗净后控干水分。

2 小米辣切圈，蒜去皮、切末备用。

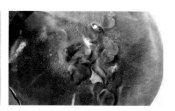

3 木耳泡发后用开水焯熟，沥干备用。

4 把蒜末、小米辣放入小碗中，加入鲜味酱油、清香米醋和香油拌匀。

5 把木耳、穿心莲放入大碗中，加入调好的料汁。

6 戴厨房手套抖拌均匀，装盘即可。

小贴士

① 穿心莲不用焯水，洗净后控干水分即可。
② 调味料可根据个人口味调整。

凉拌石花菜

⏱ 10 分钟　　△ 拌
☆ 简单　　　◎ 260 千卡
✔ 低脂 | 低糖

石花菜是大海边石头上自然生长的海藻类植物，口感嘎嘣脆。没胃口的时候来上一盘凉拌石花菜，酸辣脆爽，非常开胃！

用料

石花菜 80 克　　　　　蚝油 3 勺

小米辣 3 个　　　　　清香米醋 2 勺

香菜 1 根　　　　　　熟白芝麻 适量

蒜 10 瓣　　　　　　食用油 20 ~ 30 毫升

鲜味酱油 1 勺

做法

1　石花菜用凉白开泡发后洗净，沥干备用。

2　小米辣切圈。香菜叶和香菜梗分开，香菜梗切段。蒜去皮。

3　将蒜捣成蒜泥。

4　把蒜泥、小米辣圈、香菜梗、熟白芝麻放入碗中，起锅烧油，油温九成热后浇在上面，激发出香味。

5　加入鲜味酱油、蚝油和清香米醋，搅拌均匀成凉拌汁。

6　在石花菜中加入香菜叶，再浇上调好的凉拌汁，拌匀即可。

小贴士

① 石花菜用凉白开泡发、洗净即可凉拌，无须焯水。

② 石花菜含有丰富的蛋白质、维生素和钙、铁、镁等矿物质，石花菜提取物对于降血脂、降血压、抗肿瘤有一定作用，是不可多得的天然食材。

酸辣海带苗

🕐 10 分钟　　🍳 焯、拌
☆ 简单　　　◎ 214 千卡
✔ 低胆固醇

这道酸辣可口的清新刮油菜，绝对可以唤醒你的食欲，拯救没胃口。

用料

海带苗 200 克	米醋 1 勺
蒜 3 瓣	白醋 1 勺
小葱 1 根	熟白芝麻 适量
小米辣 2 个	食用油 20 ~ 30 毫升
姜 1 片	盐、鸡精 适量
鲜味酱油 2 勺	零卡糖 1 小勺

做法

1 海带苗浸泡后洗净，放入开水中，加白醋焯两三分钟。捞出过凉开水后沥干。

2 姜、蒜切末，小米辣、小葱切圈。

3 把姜蒜末、小米辣、小葱、熟白芝麻放入小碗中。锅中油烧至八九成热，淋入碗中爆香调料。

4 在调料中加入鲜味酱油、米醋、零卡糖、盐和鸡精，搅拌均匀成料汁。

5 把调好的料汁淋在焯好的海带苗上，拌匀后即可装盘。

小贴士

海带富含的膳食纤维具有刺激肠道蠕动的作用，既可减少饥饿感，又能提供多种氨基酸和无机盐，是理想的饱腹食材。海带中所含的昆布氨酸具有降低血压的功效，对预防高血压和脑卒中有积极作用。

酸甜脆爽渍萝卜

没什么胃口时，吃点渍萝卜就能够让自己胃口大开。要想做出又脆又爽口的渍萝卜，不妨看看这个方法吧，只需一晚就能吃到。

用料

青萝卜 1/2 根	零卡糖 适量
鲜味酱油 5 勺	蒜 2 瓣
米醋 2 勺	姜 1 小块
白醋 1 勺	盐 适量
小米辣 2 个	

小贴士

生萝卜有一些不太好闻的味道，还会有辣的口感，用盐腌一下，可以去除萝卜的味道和辣味。萝卜杀水后要过凉白开洗净。

🕐 10 分钟　　⌂ 渍
☆ 简单　　◎ 69 千卡
✓ 低脂

做法

1　青萝卜洗净、去皮、切片。

2　把萝卜片放入容器中，加入适量盐，颠匀。

3　把杀出水分的萝卜片过凉白开，洗净沥干。

4　姜、蒜切片，小米辣切圈备用。

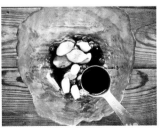

5　将姜、蒜、小米辣放入容器中，加鲜味酱油、米醋、白醋、零卡糖，搅拌均匀成渍汁。

6　将萝卜片浸泡在渍汁里，盖保鲜膜，放冰箱冷藏一夜入味即可。

韩式杂菜

⏱ 20分钟　　⌂ 焯、炒、拌
☆ 简单　　　◉ 691千卡
✔ 低饱和脂肪 | 低胆固醇

以前经常会看到韩剧里出现拌杂菜、杂菜拌饭，简直太香了。所以我就想着做一个复刻版，有了烤肉酱的加入，味道真是特别正宗，营养健康，比外面卖的还好吃呢！看韩剧再也不用干咽口水了。

用料

菠菜 100 克	木耳 7 朵	洋葱 1/4 个	韩式酱香烤肉酱 3 勺	淀粉 少许
里脊肉 100 克	胡萝卜 1/2 根	蒜 3 瓣	香油 适量	食用油 适量
香菇 3 朵	粉丝 1 把	熟白芝麻 适量	生抽 1 勺	

做法

1 里脊肉切丝，加生抽、淀粉、香油抓匀，腌制15分钟。

2 菠菜洗净，控水后切段。焯水10秒去草酸。

3 木耳泡发后洗净，焯水备用。

4 胡萝卜、洋葱切丝，香菇切片，蒜切末备用。

5 粉丝用开水泡软。

6 锅中放适量油，烧热后下入腌好的里脊肉丝，炒至变色。

7 加入洋葱、胡萝卜和香菇炒软。

8 泡好的粉丝过开水烫一下，沥干后放入大碗中，加入蒜末，香油和1勺烤肉酱。

9 抓拌均匀后加入焯熟的菠菜、木耳和炒好的杂菜，撒上熟白芝麻。再加入2勺烤肉酱，抓拌均匀。

小贴士

配菜可以根据个人喜好增减搭配。

洋葱木耳炒鸡蛋

- ⏱ 10 分钟
- ⌂ 焯、炒
- ☆ 简单
- ⚙ 348 千卡
- ✓ 低糖

色香味俱全的清肠去火菜——洋葱木耳炒鸡蛋是人们熟知的家常菜，有丰富的营养。

用料

鸡蛋 2 个	盐、鸡精 适量
洋葱 1/2 个	鲜味酱油 15 毫升
木耳 10 朵	清香米醋 5 毫升
青椒 1/2 个	零卡糖 2 克
红椒 1/2 个	食用油 适量

做法

1 洋葱、青红椒切滚刀片。

2 鸡蛋磕入碗中，打散成蛋液。

3 木耳泡发，入开水焯两三分钟后捞出沥水。

4 锅中倒适量油，烧热后倒入蛋液，炒散后盛出。

5 不用放油，接着下入各种蔬菜，大火翻炒。

6 加入适量盐和鸡精翻炒均匀，再加入鲜味酱油。

7 加入炒好的鸡蛋，翻炒均匀。

8 出锅前加零卡糖，将清香米醋沿锅内壁一圈淋入，翻炒均匀。

小贴士

起锅前的糖和溜边醋可根据个人口味加入。

外婆菜炒蛋

外婆菜是湖南湘西的特色腌菜，用各种蔬菜腌制而成，味道香辣，是拌饭的开胃小菜。之所以叫外婆菜，是因为它是农家土菜，非常有家常气息。越简单的美食，越能体现出我们对生活的态度。生活不过一日三餐，不需要大鱼大肉，胃口好，吃啥都香。

🕐 10分钟　　🍳 炒
☆ 简单　　　　🔥 585 千卡
✓ 富含蛋白质 ┃ 低糖

用料

湘西外婆菜 150 克	鲜味酱油 1 勺
鸡蛋 4 个	蚝油 1 勺
青线椒 5 个	零卡糖 1 小勺
小米辣 5 个	食用油 30 毫升
蒜 2 瓣	

做法

1 青线椒、小米辣切圈，蒜去皮、切末。

2 鸡蛋打成蛋液。锅中倒适量油烧热，倒入蛋液用筷子划散后盛出。

3 不用换锅，加入蒜末炒香。

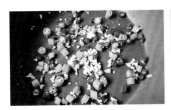

4 加入青线椒和小米辣翻炒断生。

5 加入外婆菜翻炒。

6 加入炒好的鸡蛋碎。

7 淋入鲜味酱油、蚝油翻炒均匀。

8 出锅前加零卡糖提鲜，翻炒均匀即可。

小贴士

外婆菜本身有咸味了，可以不用额外加盐。

藜麦时蔬烘蛋

- ⏱ 20分钟
- 🍳 煮、烘
- ☆ 简单
- 🔥 435 千卡
- ✔ 营养均衡

藜麦是百搭的美食原料，煮熟的藜麦口感富有弹性，带着一丝谷物的清香，不仅饱腹，还有助肠胃消化。加上黄瓜、胡萝卜、圣女果一起搭配，五彩缤纷，随手一拍就是大片！

用料

藜麦 30 克	胡萝卜 1/2 根	橄榄油 适量
鸡蛋 2 个	圣女果 5 个	
黄瓜 1/2 根	盐 2 克	

做法

1 圣女果洗净、对半切开，黄瓜洗净、切片，胡萝卜洗净、去皮、切花片。

2 藜麦洗净，煮15分钟后捞出沥水。

3 鸡蛋打入碗中，加盐，打散成蛋液。

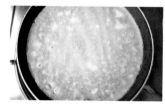

4 平底锅预热，薄薄刷一层橄榄油，倒入蛋液。

5 在蛋液未凝固时铺上蔬菜，撒上煮熟的藜麦，小火烘至蛋液凝固。

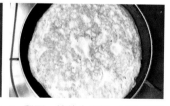

6 翻面，继续小火烘一下有蔬菜的一面。

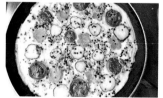

7 烘至圣女果表皮起皱即可。

8 出锅，切分成自己喜欢的形状摆盘。

小贴士

藜麦易熟、易消化，口感独特，有淡淡的坚果清香或人参香，具有均衡补充营养、增强机体功能、修复体质、调节免疫力和内分泌、提高机体应激能力、预防疾病、减肥等功效。

青瓜厚蛋烧

🕐 10 分钟　　⌂ 煎
☆ 简单　　◎ 461 千卡
✓ 低糖 | 低盐

这道小清新款的青瓜厚蛋烧，没有什么复杂的食材和工序，只要一口平底锅和简单的食材就可以做出来啦。

用料

鸡蛋 3 个　　　　　小黄瓜 1 根
牛奶 30 毫升　　　　盐（或零卡糖）适量
食用油 适量

做法

1 将鸡蛋磕入碗中，根据个人口味在鸡蛋中加盐或零卡糖。

2 加入牛奶，打散成均匀的蛋液。

3 小黄瓜洗净，切薄片备用。

4 平底锅刷一层薄油预热，倒入适量蛋液，铺满锅中即可。

5 待蛋液稍凝固后用硅胶刮刀或木铲折叠蛋皮，从右端卷起，卷至锅的另一端。

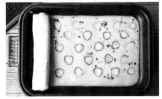

6 将小黄瓜片摆入锅中，倒入剩余蛋液，小火加热至蛋液表面微微凝固。

7 从左端卷起，再烘一下至蛋液完全凝固。

8 取出后切成小段即可。

小贴士

全程小火，待蛋液稍凝固，将蛋皮从一端卷起即可，这样做出的厚蛋烧颜色好看，口感鲜嫩。

蛋饺烩丝瓜

⏱ 20分钟　△ 煎、炒、烩
☆ 简单　　⚖ 1592 千卡
✓ 低糖

丝瓜味甘性平，有清热凉血、润肌美容、
通经络、行血脉、下乳汁等功效，可以炒
也可以做汤。这道蛋饺烩丝瓜味道清淡鲜
美，丝瓜和蛋饺烩在一起，营养美味，特
别适合注重健康饮食的人食用。

用料

丝瓜 1 根　　　　　蒜 2 瓣　　　　　香油 10 克　　　　食用油 20 毫升
五花肉馅 150 克　　葱、姜 少许　　　盐、鸡精 少许　　香油 3 毫升
鸡蛋 3 个　　　　　十三香粉 2 克　　鲜味酱油 2 勺

小贴士

蛋饺一次可以多做一些，做好放凉后用保鲜袋装起来冻在冰箱里，煮汤或烩菜，好吃、方便。

做法

1 葱、姜切末。

2 在五花肉馅中加入盐、鸡精、十三香粉、香油、鲜味酱油、葱姜末和1个鸡蛋。

3 顺一个方向搅上劲（筷子能立在肉馅中不倒）。

4 将2个鸡蛋磕在碗中，打散成蛋液。

5 蛋饺锅预热后刷一层薄油，用勺子舀入蛋液。

6 小火煎至蛋液表面微微开始凝固时，加入调好的肉馅。

7 将蛋皮叠起后再将两面微微煎一下，至蛋液全部凝固。

8 丝瓜洗净、去皮，切成滚刀块。

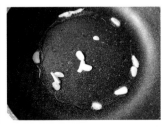

9 蒜去皮、切片。锅中倒适量油烧热，放入蒜片爆出香味。

10 下入丝瓜块翻炒至丝瓜变成翠绿色。

11 放入蛋饺翻炒一下，再加入适量的水。

12 加适量盐和鸡精，烩一会儿，出锅前淋香油。

北非蛋

⏱ 15分钟   🍳 炒、煎
☆ 简单   🔥 368 千卡
✔ 低饱和脂肪 | 低糖 | 富含维生素C

北非蛋如今是餐厅的网红款，做好和锅一起直接端上桌就可以开吃。北非蛋营养丰富，很适合减脂期间吃。

用料

番茄 1 个	番茄酱 30 克
鸡蛋 1 个	盐 适量
红椒 1/2 个	咖喱粉 适量
青椒 1/2 个	橄榄油（或茶油）15 毫升
洋葱 1/4 个	切片法棍 适量
香菜碎 少许	

做法

1 青红椒、番茄、洋葱洗净后切小丁。

2 锅中刷一层油，放入洋葱丁和番茄丁翻炒至表面微黄。

3 加入番茄酱翻炒均匀。

4 加入青红椒。

5 加一点儿咖喱粉和盐调味，翻炒均匀。

6 用锅铲将食材铺平，用勺子挖个洞，打入鸡蛋。

7 小火煎3分钟，撒上香菜碎。

8 可以搭配切片法棍上桌。

小贴士

蔬菜种类可以根据个人喜好替换。

荷塘小炒

- ⏱ 10 分钟　　🍳 焯、炒
- ☆ 简单　　　 ⚙ 285 千卡
- ✓ 低脂

这道荷塘小炒做起来很简单，味道很棒，口感清淡又营养，老少皆宜。

用料

荷兰豆 200 克	蒜 2 瓣
鲜虾 10 只	盐 少许
木耳 10 朵	鲜味酱油 1 勺
胡萝卜 1/2 根	食用油 20 毫升
莲藕 1/2 根	

做法

1　木耳泡发后洗净。

2　虾剥壳、开背，取出虾线。

3　荷兰豆洗净、去头去尾，藕、胡萝卜去皮、切薄片，蒜去皮、切末备用。

4　煮一锅开水，加盐和几滴食用油，放入蔬菜焯一两分钟，捞出沥水。

5　另取一锅，加适量油，放入蒜末炒香。

6　放入虾炒至变色。

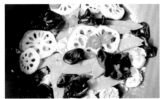

7　下入焯好的蔬菜。

8　加鲜味酱油、盐翻炒均匀。

小贴士

可以根据个人口味酌情加水淀粉勾芡。

木耳炒山药

木耳的胶质能够把人体消化系统内的灰尘、杂质吸附起来，排出体外。山药则是健脾佳品，是减肥和脾胃不好人群最喜爱的食材。这道木耳炒山药，做起来很简单，口感清淡又营养。

用料

铁棍山药 1 根	红椒 1/2 个
木耳 50 克	鲜味酱油 2 勺
青椒 1/2 个	食用油 30 毫升

小贴士

❶ 山药去皮后焯一下水可防止氧化变色，也可防止炒的过程中煳锅。

❷ 大火快炒可使这道菜口感脆爽。

⏱ 15 分钟　　△ 焯、炒
☆ 简单　　🔥 223 千卡
▽ 低饱和脂肪 | 低糖 | 富含维生素 C

做法

1 青红椒洗净，去籽、切滚刀块。

2 木耳洗净、泡发。

3 铁棍山药去皮，切滚刀块。

4 锅中水烧开，将木耳和山药下锅焯一下断生，捞出备用。

5 另取一锅，加油烧热，下入青红椒翻炒，再加入木耳和山药。

6 加入鲜味酱油，大火快炒均匀。

无油炸山药

比薯条还好吃的低脂、减肥、解馋小零食，外焦里糯，简单零失败。直接摇摇入味，然后丢进空气炸烤箱的篮子里，设定好时间和温度，时间一到，拿出来就可以直接开吃啦！就是这么简单，厨房小白也能轻松搞定。

用料

铁棍山药2根　　　　盐 少许

烧烤酱1勺

小贴士

① 可以根据自己的喜好放孜然粉、辣椒粉。

② 根据山药块大小来调整时间和温度。

- ⏱ 30分钟
- ☆ 简单
- ✔ 低脂
- ⌂ 空气炸
- ⊗ 320千卡

做法

1 山药洗净、去皮、切滚刀块。

2 浸泡在盐水中10分钟，洗净表面淀粉。

3 将山药块控干水后放入保鲜袋，加盐和烧烤酱。

4 把山药块和调料摇匀，把保鲜袋扎起口放冰箱，腌制15分钟入味。

5 将腌制好的山药块在烤网上铺开。

6 将空气炸烤箱温度设定为180℃，预热5分钟，然后炸15分钟。

蒸面条菜

野菜口感软嫩、味道鲜美，不仅好吃，还有很高的营养价值和食用价值，老少皆宜。野菜的应季性很强，只有短短一两个月时间，如果错过了，那真得等来年了。

用料

新鲜面条菜 250 克	清香米醋 1 勺
蒜 5 瓣	蚝油 1 勺
玉米面粉 50 克	香油 1 勺
盐 少许	鸡精 1 克
鲜味酱油 1 勺	

- ⏱ 30 分钟　△ 蒸
- ☆ 简单　　◎ 166 千卡
- ✓ 低饱和脂肪 | 0 胆固醇

做法

1　面条菜放入清水中，加少许盐浸泡，洗净后捞出沥水。

2　蒜去皮，捣成蒜泥。

3　将玉米面粉倒入面条菜里，一层野菜铺一层玉米面粉，交替铺好。

4　颠匀，直到每根野菜都被玉米面粉均匀包裹。

5　锅内添冷水，打湿一块笼布铺在蒸笼内，把裹有面粉的野菜倒入蒸笼内，大火烧开后继续蒸10～15分钟。

6　将蒜泥、鲜味酱油、蚝油、清香米醋、盐、鸡精和香油搅拌均匀成蘸汁。

小贴士

① 一层野菜、一层玉米面粉交替铺好，颠匀，直到每根野菜都被玉米面粉均匀包裹，这样蒸好后才更松散。

② 蒸野菜不需要关火后再闷几分钟，否则野菜就不绿了，会发黄变色。

③ 蒸好的面条菜不管是直接吃还是蘸料汁，都特别美味，还可根据个人口味加辣椒油。

五福临门

- ⏱ 20 分钟
- 🍳 炒、蒸
- ☆ 简单
- 🔥 1064 千卡
- ✔ 低饱和脂肪 | 低胆固醇

一道福气满满的菜，过年过节的餐桌上少不了它，好吃不腻无负担。

用料

油豆皮 2 张	豌豆 30 克
小花菇 10 个	胡萝卜片 适量
大虾 5 个	韭菜 2 ~ 3 根
胡萝卜丁 30 克	食用油 20 毫升
甜玉米粒 30 克	鲜味酱油 2 勺

做法

1 小花菇洗净、泡发、切条。虾去头、去壳，剥出虾仁后切小丁。

2 韭菜洗净，烫软后沥水。

3 锅中倒适量油烧热，下入虾仁翻炒变色。

4 加入小花菇、甜玉米粒、豌豆和胡萝卜丁，淋入鲜味酱油，炒匀成馅料。

5 将油豆皮裁成适当大小，放上炒好的馅料。

6 捏折包起来。用烫软的韭菜扎口。

7 将胡萝卜片铺在盘中。

8 将扎好的福袋摆在胡萝卜上，上锅隔水蒸5分钟。

小贴士

① 福袋可以换成蛋皮或饺子皮。

② 福袋内的食材可以根据个人喜好随意搭配。

八宝百财福袋

⏱ 30分钟　⌂ 焯、蒸
☆ 中等　◎ 514千卡
✓ 低饱和脂肪

仅仅听这道菜的名字，就已经充满了美好
的寓意。八宝包含八样蔬菜，搭配相当讲
究，不仅考虑到视觉上的感受，营养成分
也是相互搭配互补。让这个白菜做的小福
袋把这一年的福都收集起来吧。

用料

白菜 6 片	豆腐干 2 片	甜玉米粒 50 克	盐 2 克	韭菜 20 克
香菇 5 朵	方火腿 60 克	胡萝卜 50 克	香油 5 克	枸杞子 适量
木耳 10 朵	海米 30 克	青豆 50 克		

小贴士

白菜叶焯水，变色烫软后立即捞出沥水，不要煮太长时间。

做法

1 胡萝卜去皮、切小丁后和青豆、甜玉米粒一起焯水。

2 香菇泡发后洗净、切小丁。

3 木耳泡发后洗净、切小块。

4 海米稍微浸泡一下，洗去浮尘。

5 豆腐干切小丁。

6 方火腿切小丁。

7 将以上食材装进容器中，加盐、香油拌匀。

8 白菜洗净，将菜叶和菜帮分开。白菜叶焯水，变色烫软后捞出沥水。

9 关火后将洗净的韭菜下锅微烫，立即捞出沥水。

10 将白菜叶铺在手心里，用勺子将拌好的馅料放在中间。

11 将菜叶收起，用韭菜缠绕后打结。

12 将扎好的福袋放入盘中，把剩余的馅料均匀摆在盘中，在福袋上再摆一个泡好的枸杞子，上锅隔水蒸七八分钟即可。

绿野鲜菇

⏱ 10 分钟　　🍲 焯、炒
☆ 简单　　　❀ 114 千卡
✅ 低热量 | 低糖 | 富含维生素 C

绿野鲜菇做法简单、低脂低卡、鲜嫩好吃。荤菜吃腻了，就来一道健康美味的快手小炒吧。

用料

西蓝花 300 克　　　　鲜味酱油 1 勺

蟹味菇 50 克　　　　　蚝油 1 勺

白玉菇 50 克　　　　　食用油 20 毫升

做法

1 西蓝花撕小朵，和蟹味菇、白玉菇一起用盐水浸泡，洗净。

2 锅中加水煮开，下入西蓝花和菌菇，焯1分钟，沥水。

3 另取一锅，加油烧热后下入西蓝花和菌菇。

4 加入鲜味酱油和蚝油，大火快速翻炒均匀。

小贴士

西蓝花焯水后颜色更为艳丽，但要留意焯西蓝花的时间不宜过长，不然会丧失脆感，成菜口感也会大受影响。

响油素鲍鱼

杏鲍菇口感鲜嫩、味道清香、营养丰富，
具有降血脂、降胆固醇、促进胃肠消化、
调节机体免疫力、润肠以及美容等功效，
极受人们喜爱。这道响油素鲍鱼口味鲜美，
口感细腻清爽，是餐桌上的颜值担当。

用料

杏鲍菇 1 个	小米辣 1 个	米醋 1.5 勺
黄瓜 1 根	食用油 30 毫升	零卡糖 适量
洋葱 1/4 个	生抽 1 勺	
香菜 1 根	蚝油 2 勺	

🕐 20 分钟　　△ 焯
☆ 简单　　　◎ 293 千卡
✓ 低饱和脂肪

做法

1　香菜切段，洋葱切条，小米辣切圈备用。

2　黄瓜洗净，用刮皮刀刮片。将黄瓜片从一头卷起。

3　将卷好的黄瓜卷摆入盘中。

4　杏鲍菇洗净，斜刀切0.5厘米厚的片，焯熟，沥干。

5　将杏鲍菇摆在黄瓜卷中间。

6　将生抽、蚝油、米醋和零卡糖放入碗中，搅拌均匀调成料汁，淋在杏鲍菇上。撒几个小米辣。

7　另起锅烧油，下入香菜和洋葱，中小火炸出香味，洋葱表面微焦。

8　将热油淋在杏鲍菇上，将香味激发出来。

小贴士

小米辣可以根据个人口味添加，料汁可根据个人口味调整用量。

香煎姬松茸

⏱ 20 分钟　　🍳 煎
☆ 简单　　　　☀ 349 千卡
✔ 低饱和脂肪 | 富含维生素 B₂ | 富含铁

最美味的食材只需要最简单的烹饪，把切片的姬松茸煎至两面金黄，带着本真的香气，鲜嫩无比。那诱人的香味足以让你感受到姬松茸的极致鲜美。

用料

姬松茸 300 克　　　　　椒盐 适量

小葱 2 根　　　　　　　茶油 30 毫升

做法

1　小葱葱绿一部分切段，另一部分切圈备用。

2　将姬松茸根部像削铅笔那样削好，过清水冲洗干净。

3　将姬松茸切成厚一点儿的片。

4　平底锅中倒入茶油，将葱段下锅，中小火煎葱油。

5　将煎至焦褐色的葱叶拣出，葱油备用。

6　将姬松茸片下锅，小火煎。

7　煎到两面金黄即可。煎的时候姬松茸会有汁水流出，特别鲜美。

8　出锅装盘，撒适量椒盐和小葱圈。

小贴士

① 姬松茸切勿浸泡，会使其香气流失。

② 姬松茸顶部的伞没有打开的为品质较好的。

③ 姬松茸片要稍微切厚一点儿，这样才能煎出外表焦香、内部软嫩的口感。

素佛跳墙

⊙ 20 分钟   ⌂ 煎、煮
☆ 简单   ☼ 165 千卡
✓ 低脂 | 低糖

素佛跳墙由名菜佛跳墙演变而来，用素食材料烹调的佛跳墙香味浓郁、营养丰富。

用料

可食用菌菇（小花菇、姬松茸、杏鲍菇、香菇、蟹味菇、白玉菇等）适量

小葱葱花 适量

鲜味酱油 1 勺
枸杞子 7 粒
食用油 适量

做法

1 小花菇、姬松茸洗净、泡发。泡发菌菇的水过滤后备用。

2 杏鲍菇洗净，切厚片、打花刀。香菇洗净，打花刀。

3 锅中倒油烧热，将杏鲍菇入锅，小火煎至表面金黄后翻面煎。

4 将泡过菌菇的水过滤后倒入锅中。

5 大火煮开后放入小花菇、姬松茸、洗净的蟹味菇和白玉菇煮 1 分钟。

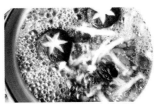

6 转入砂锅中，再将洗净的香菇入锅，加枸杞子，大火煮开后转中火煮 5 分钟。

7 加入鲜味酱油再煮两三分钟。

8 盛出后撒葱花即可。

小贴士

泡发各种菌类的水过滤后留用，原汁的味道更鲜美。

葱油芋头

⏱ 30 分钟　　△ 蒸
☆ 简单　　　🔥 433 千卡
✓ 低饱和脂肪

芋头富含膳食纤维以及多种微量元素，可以预防便秘、调养脾胃。这道菜口感细软、绵甜香糯，特别适合老人吃。

用料

芋头 300 克	小米辣 1 个
小葱 2 根	鲜味酱油 2 勺
姜 1 片	香油 1 勺
蒜 2 瓣	食用油 2 勺

做法

1 芋头洗净、去皮、切滚刀块，隔水蒸15~20分钟，用筷子轻松插透即可。

2 小葱绿一部分切段，另一部分切丁。姜切丝，蒜切末，小米辣切圈。

3 将姜、蒜、小米辣放入碗中，加入鲜味酱油、香油，搅拌均匀成料汁。

4 将料汁浇在蒸好的芋头上。

5 锅中倒油，烧至五成热，放入小葱段。

6 小火煎至葱绿变成焦黄色，拣出葱，葱油备用。

7 将葱油趁热浇在芋头上。

8 撒小葱绿。

小贴士

蒸芋头可根据自己需要的口感增减时间。

虾皮萝卜丝

○ 10 分钟　　△ 炒
☆ 简单　　　◎ 264 千卡
✓ 低饱和脂肪 | 低胆固醇

一道很简单的菜，味道却不一般。萝卜有"小人参"之称，虾皮是天然的补钙剂，萝卜配虾皮，鲜美可口，令食欲大增。快点试试吧！

用料

青萝卜 1 根　　　　　大葱 1 段
虾皮 1 小把　　　　　原汁酱油 2 勺
干辣椒 5 个　　　　　食用油 适量

做法

1 青萝卜洗净，切成细丝。

2 大葱切葱花，干辣椒切小段。

3 锅中倒油烧热，下入虾皮小火翻炒至金黄色后盛出。

4 锅中留适量底油，下葱花和干辣椒爆出香味。

5 将萝卜丝入锅翻炒变色。

6 加入炒过的虾皮。

7 再淋入原汁酱油。

8 翻炒均匀即可。

小贴士

① 虾皮用油炒一下味道更鲜美。

② 虾皮既可以补钙又可以提鲜，因为本身带有盐分，所以可以少放酱油或盐。

千叶豆腐青菜粉丝煲

⏱ 20分钟　　🍲 煮
☆ 简单　　　◎ 1134 千卡
✓ 营养均衡

千叶豆腐，一般我们在涮火锅时经常吃到，干锅的做法也非常好吃。这次用它搭配肉馅、青菜和粉丝，有菜、有肉、有汤。口味清淡不油腻，营养丰富又美味的千叶豆腐青菜粉丝煲好吃到让你停不下来。

千叶豆腐 300 克	粉丝 1/2 把	小葱末 5 克	鲜鸡汁 2 勺	葱花 少许
小米辣 2 克	五花肉馅 150 克	鲜味酱油 2 勺	十三香粉 2 克	
青菜 100 克	鸡蛋 1 个	姜汁 1 小勺	盐 2 克	

做法

1 在五花肉馅中加入十三香粉、盐、鲜味酱油、小葱末、姜汁、1勺鲜鸡汁，再磕入鸡蛋。

2 用筷子顺着一个方向搅拌上劲（筷子能立在肉馅中不倒）。

3 粉丝泡软备用。

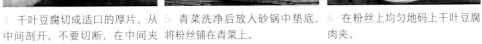

4 千叶豆腐切成适口的厚片，从中间剖开，不要切断，在中间夹上调好的肉馅。

5 青菜洗净后放入砂锅中垫底，将粉丝铺在青菜上。

6 在粉丝上均匀地码上千叶豆腐肉夹。

7 碗中加入适量热水，加入1勺鲜鸡汁，搅匀成高汤，淋在砂锅中。

8 大火煮开后加盖，中小火焖10分钟，起锅后撒小米辣和葱花。

小贴士

① 打入一个鸡蛋，能使肉馅更嫩滑。

② 时间充裕的话可以自己用猪骨和鸡骨吊高汤，味道非常鲜美。

香椿豆腐饼

⏱ 20分钟　△ 煮、煎
☆ 中等　◎ 912千卡
✓ 0胆固醇

香椿做菜浓香鲜美，还富含钾、钙、镁，
B族维生素的含量在蔬菜中也名列前茅，
是天然绿色保健食品。香椿上市的时间很
短，喜欢的要抓紧喽。

用料

香椿芽 1 小把（约 150 克）
北豆腐 1 块（约 200 克）
淀粉 20 克

盐、鸡精 适量
鲜味酱油 1 勺
食用油 30 毫升

小贴士

豆腐饼一面煎至金黄挺实了再翻面煎。不要经常翻面，否则豆腐饼容易散开。

做法

1 香椿芽过水洗去浮尘。

2 把香椿芽放入沸水中，加盖焖2分钟。

3 把香椿芽攥干水，切成碎末。

4 把北豆腐放入微开的水中煮2分钟，去除豆腐的腥味，捞出沥水。

5 把豆腐切成2块，加适量盐，分别放进两个容器中捏碎。

6 在其中一份捏碎的豆腐中加入香椿碎、适量盐、鸡精和鲜味酱油，抓拌均匀。

7 在另一份捏碎的豆腐中加入淀粉，抓拌均匀。

8 取适量加了淀粉的豆腐碎，压成饼坯。

9 在饼坯上铺上豆腐香椿馅料。

10 在上面再盖上一块加淀粉的豆腐碎，把馅料完全包起来，压成饼。

11 锅中倒适量油烧热，放入豆腐饼坯，煎至一面金黄挺实后翻面。

12 中小火煎至两面金黄。

上汤娃娃菜

⏱ 15分钟　　🍲 煮、炒
☆ 简单　　　🔥 408千卡
✔ 低饱和脂肪｜低糖

娃娃菜味道甘甜，富含维生素和硒，叶绿素含量也非常高，而且热量低，炖煮之后容易消化，能促进肠壁蠕动。

用料

娃娃菜 1 棵　　　　　葱花 适量
胡萝卜 1/2 根　　　　鸡汤 1 碗
皮蛋 1 个　　　　　　盐 适量
火腿 3 片　　　　　　食用油 少许
海米 20 克

做法

1　娃娃菜洗净，对半切开。

2　皮蛋去壳、切小块，胡萝卜、火腿切菱形片。

3　娃娃菜入开水焯熟，捞出铺在砂锅中。

4　另取一锅，加少许食用油，下入一半葱花和海米炒香。

5　再加入胡萝卜、火腿和皮蛋，翻炒均匀。

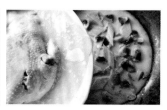

6　加入鸡汤。

7　煮开后加盐调味。

8　把煮好的鸡汤和配菜浇在娃娃菜上，撒葱花上桌。

小贴士

自己用一整只鸡煲的鸡汤，经过熬煮，香浓味鲜，鸡肉吃起来特别软烂入味，大口喝汤、大口吃肉，真过瘾。

轻肉食

川味椒麻鸡

这道菜简单味美，葱汁混合着花椒的香味，在相互融合的过程中形成了独特的味道，将鸡肉的天然鲜嫩完全衬托出来。

用料

鸡腿 2 只	洋葱 1/4 个
葱白 2 段	青花椒 20～30 粒
姜 3 片	藤椒酱 2 勺
八角 1 个	白芝麻 少许
桂皮 1 块	鲜味酱油 2 勺
香叶 2 片	清香米醋 1 勺
小米辣 2 个	食用油 适量
杭椒 3 个	

⏱ 15 分钟　🍳 煮、拌
☆ 简单　🔥 542 千卡
✓ 低饱和脂肪 | 低糖 | 富含维生素 C

做法

1 小米辣和杭椒洗净、切圈，洋葱切丝。

2 将鸡腿洗净，冷水下锅，加姜片、葱白、八角、桂皮、香叶。

3 将煮熟的鸡腿捞出后放入冰水中过凉。

4 煮鸡腿的汤滤去调料备用。

5 将辣椒圈、洋葱丝放入碗中，加藤椒酱和白芝麻。

6 再加鲜味酱油、清香米醋，放入青花椒，浇上一勺热油激发出香味。

7 鸡腿擦干表面水分，剔骨后撕成条，放入料汁中。

8 加适量鸡汤拌匀，浸泡5～10分钟入味。

小贴士

❶ 有减脂需求的朋友可以去掉鸡皮，或者用鸡胸肉代替鸡腿肉。

❷ 可以放冰箱冷藏一下再食用。

酸辣柠檬鸡爪

⏱ 15 分钟　△ 煮、拌
☆ 简单　　◎ 1645 千卡
✔ 低饱和脂肪 | 富含维生素 C

酸辣开胃的柠檬鸡爪，这一刻有它解馋，
实在太满足了。

用料

鸡爪 500 克	小米辣 5 个
柠檬 1/2 个	蒜 3 瓣
葱白 1 段	料酒 3 勺
姜 1 块	泰式酸辣汁 200 毫升
香菜 1 根	盐 少许

做法

1 鸡爪洗净，放入容器中，加2勺料酒浸泡20分钟。

2 葱白切小段、姜切片。

3 香菜切段、小米辣切圈、蒜切片、柠檬切片后去籽（否则会苦）。

4 将浸泡好的鸡爪洗净，冷水下锅，加入葱、姜、1勺料酒和少许盐。

5 大火煮开后撇去浮沫，加盖小火焖煮20分钟。

6 将煮好的鸡爪捞出洗净，放入冰水中追凉，使鸡爪表面迅速紧缩，口感更爽脆。

7 鸡爪取出后去指甲，从关节处划开，分成三段。

8 把鸡爪放入容器中，加入香菜段、小米辣圈、蒜片、柠檬片和泰式酸辣汁，拌匀腌制入味。

小贴士

① 没有先剪鸡爪的指甲，是因为剪完之后再煮，鸡爪会缩水更严重。

② 在煮制过程中加盐，鸡爪煮出来口感更加有弹性。

③ 柠檬既可以去除鸡爪的腥味，又能增添特殊的香味。

彩椒鸡肉串

⏱ 45分钟　　🔥 烤
☆ 简单　　　❀ 259千卡
✔ 低饱和脂肪｜富含维生素C

夜宵吃烤串怕长肉，来看看好吃又不胖的彩椒鸡肉串。在家边撸烤串边追剧，太美啦！

用料

鸡胸肉 1块	蜂蜜 1勺
青椒 1/2个	白芝麻 适量
红椒 1/2个	韩式辣酱 2勺
洋葱 1/2个	甜面酱 1勺

做法

1 鸡胸肉洗净，剔除筋膜，切成2厘米见方的块。

2 在鸡胸肉中加入韩式辣酱和甜面酱，抓拌均匀，腌制1小时入味。

3 青红椒和洋葱切成和鸡胸肉一样大小的方块。

4 把腌好的鸡胸肉、青红椒、洋葱穿起来。

5 放入烤箱，210℃烤30分钟。

6 烤好的彩椒鸡肉串装盘，刷蜂蜜，撒白芝麻。

小贴士

❶ 烤制的具体时间要根据自家烤箱性能设定。
❷ 可根据个人口味加点儿辣椒粉和孜然粉。

无油柠檬干锅烤翅

说起干锅，人家就会认为是重口味菜，高油高脂。少油少盐、荤素搭配才是健康饮食的首选。这道柠檬干锅烤翅不用油，口味咸鲜、焦香酥嫩、麻辣适口，很过瘾的一道美味。

用料

鸡翅中 5 ~ 8 个　　　　柠檬 1/2 个

蒜 2 瓣　　　　　　　香菜末或欧芹碎 适量

葱 1 段　　　　　　　麻辣香锅料 2 勺

姜 2 片

⊙ 45分钟　　⌂ 烤
☆ 简单　　　◎ 686 千卡
✍ 富含蛋白质

做法

1 葱、姜切丝，蒜切片备用。

2 翅膀中用冷水浸泡后洗净，用牙签在两面扎一些小孔，方便入味。

3 将葱姜丝、蒜片均匀铺在鸡翅上，挤柠檬汁去腥提味。

4 加入麻辣香锅料。

5 抓拌均匀，腌制一两小时入味（盖上保鲜膜放冰箱冷藏过夜，更加入味）。

6 将腌制好的鸡翅取出，均匀码在铺好铝箔纸的烤盘上，切几片柠檬盖在上面。

7 烤箱210℃预热10分钟，放入鸡翅烤25分钟。

8 出炉后根据个人口味撒香菜末或欧芹碎。

小贴士

❶ 翅膀用冷水浸泡，血水被泡出，做好的成品味道更好。

❷ 用牙签在鸡翅上多扎一些小孔，这样入味更充分，还更容易熟，比打花刀处理的鸡翅要更鲜嫩多汁。

❸ 具体的烤箱温度和时间要根据自家烤箱的性能设定。

黑椒鸡肉玉米脆皮肠

⏱ 45分钟　　⌂ 煮
☆ 中等　　◎ 1743千卡
✔ 富含蛋白质 | 低脂 | 低糖

自制鸡肉肠高蛋白、低热量，是日常的轻食好伴侣，多吃几根也不怕胖。多做一些放在冰箱冷冻，随吃随取，很是方便。

用料

| 鸡胸肉 1500 克 | 甜玉米粒 100 克 | 葱 1 段 | 蛋清 2 个 |
| 肠衣 1 包 | 姜 3 片 | 黑椒酱 60 克 | 盐 适量 |

做法

1 鸡胸肉洗净，剔除多余脂肪和筋膜后切成小块。

2 葱、姜切丝，泡水（60毫升），揉搓出葱姜汁备用。

3 将鸡胸肉用料理机打成泥，加入泡好的葱姜水。

4 加入蛋清和黑椒酱，顺一个方向搅拌均匀。

5 再根据个人口味加入适量盐和甜玉米粒，继续顺一个方向搅拌上劲。

6 将调拌好的鸡肉泥填入灌肠器，在肠衣不撑破的情况下把肉灌至八分满，灌得尽量紧实一些。

7 用棉线每隔15厘米左右系一下，用牙签或针在表面扎上密集的小孔。

8 将灌好的肠冷水下锅，小火在水微沸的状态下煮半小时。

9 将煮好的鸡肉肠取出，表面洗净，控水晾干，一节节剪开装保鲜袋，冷冻储存。

小贴士

❶ 吃的时候将鸡肉肠上锅蒸一下，或用空气炸锅、烤箱、平底锅热一下即可。

❷ 可搭配各种蔬菜、鸡蛋、虾等食用。

免油炸韩式鸡柳

鸡柳是很受年轻朋友喜欢的小吃，其实制作起来并不复杂，自己在家做很简单，而且比外面做的更卫生，最主要的是免油炸，吃起来更健康、无负担。

用料

鸡胸肉 1 块	蚝油 1 勺
面包糠 适量	韩式辣酱 20 克
蒜末 适量	雪碧 适量
蜂蜜 10 克	熟白芝麻 少许
海盐黑胡椒 1 克	

⏱ 45分钟　🔥 烤
☆ 简单　◎ 282 千卡
✅ 富含蛋白质 | 低饱和脂肪

做法

1　鸡胸肉洗净，剔除多余筋膜和油脂，切成条。

2　将鸡柳放入容器中，加入海盐黑胡椒和蒜末。

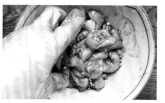

3　再加入蚝油抓拌均匀，腌制30分钟入味。

4　将腌制好的鸡柳均匀裹一层面包糠。

5　将鸡柳分散一些放在铺了铝箔纸的烤架（烤盘）中。

6　放入烤箱，210℃烤15分钟，中间翻一次面。

7　将韩式辣酱、蜂蜜、雪碧、熟白芝麻搅拌均匀成蘸酱。

8　烤好的鸡柳装盘，趁热蘸着酱料吃。

小贴士

蘸料用料可以根据个人口味调整。

香肠苦瓜蒸排骨

苦瓜吸附了排骨的油脂，蒸得软软的却也不烂。排骨肉质滑嫩，汤汁鲜美，淋饭也好吃。这真是一道有营养又超好上手的清爽下饭菜。

用料

猪小排 300 克　　　　鲜味酱油 2 勺

香肠 1 根　　　　　　蚝油 1 勺

苦瓜 1 根　　　　　　盐、零卡糖 适量

姜 2 片　　　　　　　米酒 1 勺

蒜 2 瓣　　　　　　　白胡椒粉 少许

豆豉 1 勺　　　　　　淀粉 1 勺

料酒 1 勺　　　　　　食用油 适量

🕐 45 分钟　　🍴 焯、炒、蒸
⭐ 简单　　　　🔥 1014 千卡
🥗 营养均衡

做法

1　猪小排洗净后放入清水中，加入料酒浸泡 20～30 分钟。

2　香肠切片，姜、蒜切末备用。

3　苦瓜洗净，对半切开，去瓤，斜刀切小块。

4　擦干猪小排表面水分，加入盐、零卡糖、白胡椒粉、鲜味酱油、蚝油、米酒、淀粉抓拌均匀，腌制 15 分钟入味。

5　锅中烧开水，放入苦瓜，加盐和几滴食用油，焯 30 秒。

6　锅中加油烧至六成热，下入姜蒜末炒香，再放入豆豉炒香。

7　将炒好的豆豉放进排骨中拌匀，腌制半小时。

8　将腌制好的小排、苦瓜、香肠依次码入盘中，水开后中小火蒸 30 分钟。

小贴士

蒸排骨的时间可按排骨的大小和个人喜欢的软硬度来掌握。

娃娃菜卷肉

爽口好吃的娃娃菜卷肉，清淡鲜美不油腻，荤素搭配，营养又健康。

用料

娃娃菜 2 棵	鲜味酱油 1 勺
猪肉馅 200 克	蚝油 1 勺
小葱 1 根	盐 适量
姜 1 片	香油 1 勺
鸡蛋 1 个	十三香粉 2 克
枸杞子 7 粒	食用油 适量

🕐 20 分钟　🍲 煮、蒸
☆ 简单　　🔥 1080 千卡
✓ 低糖

做法

1　枸杞子洗净、泡发备用。

2　小葱、姜切末。

3　在猪肉馅中加入葱姜末、鸡蛋、盐、十三香粉、蚝油和鲜味酱油。

4　用筷子顺一个方向搅拌上劲，加香油搅拌均匀。

5　娃娃菜劈开、洗净，切下菜帮，将菜帮切碎后放入肉馅中。

6　锅中加几滴食用油，煮开后下入菜叶烫软，铺在砧板上，放适量肉馅。

7　包好后卷起来，放入盘中，摆上枸杞子，上锅隔水蒸10分钟。

8　取出后撒少许葱绿，淋一勺热油。

小贴士

菜叶焯烫时间不宜太长，烫软即可。

腌笃鲜

腌笃鲜突出一个鲜字，用新鲜出土的冬笋配上冬日里腌制的咸肉，季节的交替，食材的碰撞，咸鲜的结合，烹煮出一锅"鲜掉眉毛"的味道。

用料

咸肉 150 克	木耳 10 克
排骨 150 克	豆结 7 个
冬笋 200 克	盐 适量
姜 3 片	食用油 15 毫升
小葱 2 根	料酒 少许

⏱ 30 分钟　　⌒ 焯、炒、煮
☆ 简单　　　◎ 842 千卡
✓ 富含蛋白质 | 低饱和脂肪 | 低糖

做法

1 排骨加1片姜和料酒，凉水下锅，大火煮开焯水，洗净备用。

2 咸肉切片，木耳泡发，冬笋剥出笋肉，焯水后斜刀切段，小葱白切段，葱绿切碎。

3 锅中倒油烧热，下入咸肉、葱白段、姜片翻炒出香味。

4 放入排骨、冬笋、木耳翻炒均匀，加入适量水，大火煮开。

5 转入砂锅中，加入豆结，加盖继续炖煮15~20分钟，根据个人口味加盐调味。

6 上桌前撒上小葱绿即可。

小贴士

❶ 咸肉油脂比较多，先把咸肉煸香再炖，汤的味道更浓郁。

❷ 炖汤一般用砂锅或密闭性好的铸铁锅，这样水分不易流失，原汁原味都锁在锅里。如果要把汤头煮白，既要保持汤沸腾翻滚，火又不能太大。

彩椒牛肉串

⏱ 20 分钟　　△ 煎
☆ 简单　　◎ 280 千卡
✔ 富含蛋白质 | 低糖

颜色丰富的彩椒搭配营养丰富的牛肉，色
香味俱全。给自己放松一下心情，做上美
美的一餐吧！

用料

原切牛排 150 克　　洋葱 1/3 个

青椒 1/2 个　　橄榄油 20 毫升

红椒 1/2 个　　牛排酱 30 克

黄椒 1/2 个

做法

1 牛排在微解冻的状态下用切冻
肉的锯齿刀切小块，加入牛排酱
和橄榄油，抓拌均匀。

2 前半小时每十分钟抓拌一次，
给牛肉做按摩。然后盖保鲜膜，
放进冰箱冷藏一夜入味。

3 彩椒、洋葱洗净切片。将洋葱、
彩椒和牛肉块穿串。

4 牛排锅或平底锅预热，放入肉
串，大火煎，每个面都要煎到，
封住肉里的汁水。

5 煎至肉表面变色后再根据个人
口味刷一层牛排酱。

6 继续煎至牛肉七八成熟即可。

小贴士

煎牛肉时每个面都要煎到，封住肉里面
的汁水，这样能使煎出来的肉串口感嫩
滑多汁。

金针肥牛

酸辣爽口的汤汁，配着嫩滑的肥牛和爽脆的金针菇，每吃一口，味道都是那么的富有层次感。

用料

肥牛卷 250 克　　　　小葱 1 根

金针菇 200 克　　　　小米辣 2 个

香菜 1 根　　　　　　鲜味酱油 3 勺

蒜 3 瓣　　　　　　　清香米醋 2 勺

腐乳 1/2 块　　　　　白芝麻 少许

芝麻酱 30 克

⏱ 10分钟　　△ 焯、拌
☆ 简单　　　◎ 596 千卡
⤳ 低脂

做法

1　蒜去皮、切蒜末，加入腐乳、芝麻酱、鲜味酱油和清香米醋，搅拌成料汁。

2　香菜、小米辣、小葱切丁备用。

3　金针菇放入开水中烫30秒，关火后捞出，铺在盘中。

4　另取一锅，水微微开时下肥牛卷。

5　水再次煮开后将肥牛卷捞出。

6　肥牛卷沥干后摆在金针菇上。

7　将料汁浇在肥牛卷上。

8　撒白芝麻、小米辣、小葱和香菜提香，可根据个人口味添加辣椒油。

小贴士

金针菇性寒，味甘、咸，具有补肝、益肠胃的功效。肥牛美味且营养丰富，提供了丰富的蛋白质、铁、锌、钙和B族维生素。

黄焖牛肉

⏱ 70分钟　⌂ 焯、炒、焖
☆ 简单　◎ 944千卡
✓ 富含蛋白质｜低糖

黄焖牛肉焖得软烂入味才是好吃的关键，细细品味，越嚼越香，醇美咸鲜，嫩而不韧。营养又美味，大口吃肉才过瘾。

用料

牛肋条块 500 克	姜 1 块	花椒 20 粒	料酒 1 勺	蚝油 1 勺
香菇 10 朵	蒜 1 头	干辣椒 4 个	生抽 2 勺	红烧酱油 1 勺
大葱 1/2 根	八角 3 枚	黄酱 1 勺	零卡糖 5 克	水淀粉 少许

做法

1 香菇泡发后洗净，片成片。

2 大葱斜刀切段，蒜去皮，姜切片。

3 牛肉冷水下锅焯水，加入料酒去腥、去膻。

4 开锅后撇去浮沫。再焯 3 分钟左右捞出，把牛肉表面浮沫冲洗干净。

5 另起锅，加入适量油烧热，放入八角、花椒、葱、姜、蒜炒香，再加入黄酱，小火爆香。

6 放入牛肉和水发香菇片翻炒均匀。

7 放入生抽、蚝油翻炒均匀后再加入红烧酱油调色。

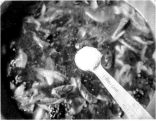

8 加入足量开水、零卡糖、干辣椒，大火煮开后转小火，加盖焖45～60分钟，根据个人口味加盐。

9 待汤汁收浓后加水淀粉勾芡，可撒少许小葱圈装饰。

小贴士

❶ 做黄焖菜时姜的用量要多一些。
❷ 干辣椒可以起到去膻的作用，同时可以提味。
❸ 焖菜跟烧菜有所不同，芡汁不宜太稠。
❹ 如果用正常的锅来烧、炖、焖、熬，尤其是肉菜，要一次性加足水，中途一定不能再加，否则口感、口味等就会受到影响。

番茄炖牛腩

⏱ 70 分钟　　🥘 焯、炒、炖
☆ 简单　　🔥 1817 千卡
🥗 低糖 | 富含蛋白质

番茄的酸甜加上牛腩的鲜美，这两种食材搭配在一起，在寒冷的季节就是对胃的一种犒劳。

用料

牛腩 500 克	葱花 少许	冰糖老抽 1 勺
番茄 2 ~ 3 个	胡萝卜 1/2 根	料酒 1 勺
葱白 1 段	香菜碎 少许	盐 适量
姜 3 片	鲜味酱油 2 勺	食用油 适量

做法

1 番茄、胡萝卜去皮后切滚刀块。

2 锅中加入葱白段、姜片、料酒，冷水下入洗净的牛腩。

3 大火煮开，撇去浮沫，将焯熟的牛腩捞出，剩下的汤过滤后留用。

4 另取一锅，加入适量油烧热后下入葱花爆香。下入牛腩翻炒。

5 加鲜味酱油和冰糖老抽，翻炒均匀上色。

6 下入一半番茄，炒出汁。加入热的煮牛肉原汤。

7 加盖，中小火炖40分钟后加入胡萝卜块，再炖15分钟。最后加入剩余番茄和适量的盐。

8 再炖煮3~5分钟，使牛肉充分吸收的番茄的味道。出锅后撒香菜碎。

小贴士

牛肉含有丰富的蛋白质和氨基酸，有补中益气、滋养脾胃、强健筋骨的功效。番茄能健胃消食、生津止渴，番茄中的番茄素具强抗氧化作用，有利于美容护肤。

缤纷果蔬香煎鱼排

三月不减肥，四月徒伤悲。一道简单又快手的缤纷果蔬香煎鱼排，低脂低卡，很适合健身人士吃，助你瘦回小蛮腰。

用料

盐渍鱼排 1 块	蓝莓 10 颗
芒果 1 个	苦菊 1 小把
小黄瓜 1 根	椰蓉 少许
柠檬 1 个	食用油 适量
草莓 3 ~ 4 个	

⏱ 15 分钟　🍳 煎
☆ 简单　　　◎ 320 千卡
✓ 低饱和脂肪 | 0 胆固醇

做法

1 将果蔬洗净，控干水分。

2 芒果去皮、去核，切成薄片。

3 小黄瓜刮成薄片。

4 苦菊铺在盘中垫底。

5 将切好的芒果片卷成芒果花，柠檬切片摆在苦菊上。

6 小黄瓜片卷成卷，草莓对半切开，和蓝莓一起随意摆放，再撒一点儿椰蓉。

7 锅中油烧热，放入盐渍鱼排，用中小火煎。

8 一面煎好后轻轻翻面，煎至两面金黄后装盘。

小贴士

❶ 鱼排肉质白细鲜嫩、清口不腻，高蛋白低脂肪，搭配新鲜果蔬营养又健康。

❷ 为了最大限度保持食材的原味，鱼排只用盐稍加腌渍即可。减少油脂的摄入，更加营养健康。

香煎龙利鱼配碧根果芒果莎莎

分享给大家这道水果入菜的美食，清新可口，味道略酸，营养丰富，颜值高，看一眼就让人胃口大开。

⏱ 15分钟　△ 煎、拌
☆ 简单　　 ◎ 159千卡
✓ 低脂 | 0胆固醇 | 低热量

用料

龙利鱼 1片	洋葱 1/2 个	橄榄油 适量
碧根果仁 20 颗	香菜 1 根	蜂蜜 5 克
芒果 1/2 个	胡萝卜 50 克	苦菊 适量
番茄 1 个	柠檬 1/2 个	番茄片 适量

做法

1 龙利鱼表面用厨房纸吸干，薄涂一层橄榄油。

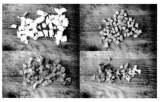

2 胡萝卜、洋葱、番茄洗净，切小丁。香菜洗净，切小段。

3 芒果洗净，对半切开，划上格子，用勺子挖出果肉。

4 煎锅薄刷一层橄榄油，将龙利鱼下锅，两面微煎。

5 将胡萝卜、洋葱、番茄和芒果装进碗中，挤适量柠檬汁，根据个人口味添加蜂蜜。

6 加入香菜拌匀，撒碧根果仁。

7 将煎好的龙利鱼摆入盘中。

8 上面铺上拌好的果蔬，加苦菊和番茄片装饰。

小贴士

❶ 龙利鱼是深海鱼，口味鲜美、口感爽滑、营养丰富。具有超高的蛋白质含量和超低的脂肪含量，想要保持身材的朋友可以放心吃，毫无负担。

❷ 碧根果具有抗氧化和延缓细胞衰老的作用，对保持青春健美很有益，碧根果还能缓解便秘。

清蒸大黄鱼

这道健康的蒸菜最大程度保留了鱼肉的鲜美，而且操作起来非常简单快手。黄鱼含有丰富的硒，能清除人体代谢产生的自由基，延缓衰老。

⏱ 25 分钟　⌂ 蒸
☆ 简单　　🍲 292 千卡
✔ 低糖

用料

大黄鱼 1 条	料酒 1 勺
葱 1 根	蒸鱼豉油 2 勺
姜 1 块	食用油 适量
小米辣 1 个	

做法

1　将大黄鱼刮去鱼鳞、去鳃、去内脏，清理干净。鱼两面打上花刀。

2　葱白、姜、葱绿切细丝，小米辣切圈备用。

3　将一半葱白和姜丝铺在盘子里。

4　把鱼放进盘子，将另一半葱白和姜丝铺在鱼上，淋上料酒。

5　放入锅中，上汽后隔水蒸 8~10 分钟。

6　蒸好后将鱼汁倒掉，淋蒸鱼豉油调味，撒小米辣和葱绿丝，浇热油激发出香味。

小贴士

① 最好选择新鲜的鱼，重 500~750 克，方便掌握蒸制时间。可以买鱼时让商家收拾好。

② 一般 500 克的鱼上汽后蒸 8 分钟即可，也可观察鱼的状态，蒸到鱼眼发白、微微突出，鱼肉变白就差不多了。

③ 蒸好后盘子中会有鱼汁，鱼汁比较腥，倒掉后再调味，味道更好。

虫草花蒸鱼片

- ⏱ 20 分钟　　🍳 炒、蒸
- ☆ 简单　　🔥 378 千卡
- 🍃 低脂

虫草花形似金丝线，口感脆爽，具有独特的香气。鱼肉嫩滑，味道鲜美，直叫人一口又一口，不能停下来。

用料

龙利鱼 1 片　　　　　　　蒸鱼豉油 30 毫升

虫草花 20 克　　　　　　　盐 2 克

蒜 7 瓣　　　　　　　　　食用油 30 毫升

葱花 适量

做法

1　将龙利鱼斜刀切薄片，加盐抓拌均匀，腌制5分钟。

2　蒜去皮，切成蒜末。

3　虫草花洗净，温水浸泡5~10分钟。

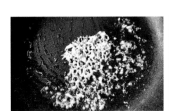

4　锅中倒油烧至五成热，下入一半蒜末，炒至金黄。

5　将鱼片铺在盘中，将炒好的蒜末铺在鱼片上，淋蒸鱼豉油。

6　再铺上泡好的虫草花，大火隔水蒸10分钟，出锅后撒上剩余蒜末。

7　锅中倒油，烧至九成热，浇在蒜末上，激发出香味。

8　最后撒上葱花。

小贴士

虫草花性味平和，不寒不燥，具有补肺补肾和护肝养肝的功效。虫草花价格不贵，在市场都可买到，多用来清蒸或煲汤。

酸汤鱼片

⊙ 10 分钟　△ 煮
☆ 简单　　⊗ 327 千卡
✔ 营养均衡

在家就能做出饭店同款的酸汤鱼片。鱼片
嫩滑鲜美，汤底酸辣开胃，吃起来非常
过瘾。

用料

草鱼片 250 克	淀粉 1 勺
金针菇 100 克	盐 2 克
豆腐块 100 克	食用油 1 勺
酸汤调料 100 克	葱花 少许
料酒 1 勺	

做法

1　草鱼片中加料酒、盐、淀粉、
食用油抓拌均匀，腌制15分钟。

2　砂锅中加入适量水，加入酸汤
调料，煮开后放入豆腐块。

3　大火煮开后下入腌制好的鱼片，
继续煮3分钟。

4　下入择洗干净的金针菇，再煮
30秒，起锅撒上葱花即可。

小贴士

配菜可以根据个人喜好搭配。

老坛酸菜鱼

用老坛酸菜做出来的鱼，味道好到让你尖叫！鱼片嫩嫩的，酸菜特别下饭，再喝点汤，鲜鲜的，带点微酸，忍不住想再喝下一口。

🕐 15分钟　　🍳 炒、煮
☆ 简单　　🔥 585 千卡
✅ 富含蛋白质｜低饱和脂肪｜低糖

用料

龙利鱼 1 片	鸡精 1 小勺
老坛酸菜 150 克	清水（或高汤）1 大碗
姜 1 块	淀粉 1 勺
干辣椒 7 个	料酒 1 勺
蒜 3 瓣	盐 2 克
香菜段 适量	食用油 30 毫升

做法

1 姜、蒜切片，干辣椒切段备用。

2 龙利鱼斜刀片成薄片，加入料酒、淀粉和盐抓拌均匀，腌制 10 ~ 15分钟。

3 锅中倒油烧热，下姜、蒜爆出香味。

4 老坛酸菜入锅炒出香味。

5 加适量清水或高汤，放鸡精调味。

6 锅中汤煮开后下入腌好的鱼片，煮开。

7 盛出后撒上干辣椒和香菜段。

8 另取一锅，倒油烧至八九成热，将热油浇在干辣椒和香菜段上。

小贴士

也可以选择黑鱼或清江鱼这种刺少的鱼。

盐烤青花鱼

这道青花鱼做起来零难度，煎烤的时候不用额外放油，它自身的油脂就够了。青花鱼肉质紧实、入口鲜香，是减脂期超棒的蛋白质来源。

用料

青花鱼 1 片	青芥末 适量
柠檬 1 片	日式酱油 适量
海盐黑胡椒 适量	

🕑 15 分钟　　🍳 煎烤
☆ 简单　　◎ 108 千卡
✔ 低脂

做法

1 青花鱼洗净，用厨房纸擦干表面水分，打上十字花刀。

2 用柠檬片在鱼皮处涂抹，注意不要把鱼弄太湿。

3 涂一层海盐黑胡椒，风干5~15分钟。

4 用青芥末和日式酱油调匀成蘸汁。

5 热锅后鱼皮向下入锅，鱼皮迅速收缩。

6 转小火煎烤90秒左右，晃动锅子，翻面煎熟。

小贴士

❶ 好的青花鱼鱼肉有光泽且富有弹性，背上花纹纹路清晰，鱼肚处的肉不面、不散，没有特别重的腥味，用柠檬就可以轻松盖住。

❷ 翻面时要从鱼背翻起，从鱼肚处翻，容易把鱼弄散。

干锅焗鲢鱼煲

⏱ 40分钟　　⌂ 焗
☆ 简单　　◎ 520千卡
✔ 低脂

这道干锅焗鲢鱼煲做法超级简单，味道鲜
美，口感嫩滑，非常值得一试。

用料

鲢鱼鱼柳 1片	小葱 1根	干辣椒 1个	料酒 1勺	淀粉 少许
洋葱 1/2个	蒜 1头	生抽 2勺	盐 适量	茶油 适量
姜 1块	柠檬 1个	蚝油 1勺	白胡椒粉 少许	米酒 少许

做法

1 洋葱切滚刀块，姜切片，蒜去皮。

2 小葱切圈，干辣椒斜刀切段，柠檬切角。

3 将处理好的鲢鱼切大块或宽条。

4 加盐、白胡椒粉、料酒、生抽、蚝油和淀粉。

5 抓匀腌制至少20分钟，入味。

6 砂锅中喷入茶油，把洋葱、姜片、蒜均匀铺在锅底，小火爆香。

7 把腌制好的鱼柳码在配料上面，淋入腌鱼的料汁。

8 加盖，小火焖焗12～15分钟。中途可以沿锅淋一些米酒或料酒，

9 开盖撒小葱和干辣椒，淋热油激发出香味。还可以淋上一点儿柠檬汁，清新解腻。

小贴士

❶ 可以换成别的鱼肉，要提前腌制入味。

❷ 要用配料把鱼肉和锅底隔开，避免鱼肉粘锅。

❸ 焗的时候火要小，避免水蒸发太快煳锅。焖焗时间根据鱼柳块的大小自行掌握。如果鱼块太大要适当再加几分钟，出锅前检查肉质是否成熟。

❹ 添加米酒或料酒可以让鱼肉更香，释放的蒸汽也可以让鱼肉更快成熟。

无油干炸带鱼

做菜时为了保证家人的身体健康，不仅要做到荤素搭配，还要少油。这道用空气炸烤箱做的无油版干炸带鱼简单易上手，就算是厨房小白也能收获一份色泽金黄、酥脆鲜香、味道诱人的干炸带鱼。

用料

带鱼 2 条	生抽 1 勺
料酒 1 勺	蚝油 1 勺
葱、姜 适量	盐 适量
十三香粉 2 克	

🕐 20 分钟　　△ 空气炸
☆ 简单　　◎ 527 千卡
✓ 富含蛋白质 | 低饱和脂肪 | 低糖

做法

1 带鱼洗净，擦干后切段备用。

2 葱、姜切丝备用。

3 将带鱼和葱姜丝放入容器中，加入其他调味料。

4 戴手套抓拌均匀，腌制一两个小时入味。

5 将腌制好的带鱼段在烤网上铺开。

6 空气炸烤箱180℃预热5分钟，放入带鱼炸10分钟。

小贴士

❶ 洗净的带鱼段要擦干水后腌制一两个小时入味，还可以盖上保鲜膜，放冰箱冷藏过夜，更加入味。中途可以抓拌几次，使鱼入味均匀。

❷ 炸烤过程中可以按下灯光钮，观察带鱼的炸制情况，根据带鱼块的大小自行调整炸制时间。

鲜虾牛油果沙拉

牛油果富含维生素和多种微量元素，有降低胆固醇、预防便秘、保护肝脏、美容养颜等功效。搭配蔬菜和鲜虾制作一款简单的沙拉，开胃又好吃。

⊙ 15分钟　△ 焯、煎、拌
☆ 简单　　 ✿ 329千卡
✦ 低饱和脂肪

用料

鲜虾 6 只	玉米粒 30 克
牛油果 1 个	低脂沙拉汁 1 勺
胡萝卜 20 克	食用油 少许

做法

1　鲜虾去头、去壳、挑去虾线、剥出虾仁，洗净。

2　牛油果去皮、去果核、切小块，胡萝卜切花。

3　将胡萝卜和玉米粒焯熟后捞出。

4　平底锅中刷一层薄油，烧热后将虾仁煎至变色。

5　将所有处理好的食材放入碗中，加入低脂沙拉汁。

6　拌匀后装盘（可用少许薯片垫底作装饰）。

小贴士

食材可以根据个人喜好搭配。

低脂捞汁大虾

⏱ 15分钟　　⌂ 焯、腌
☆ 简单　　　◎ 1184 千卡
✓ 低饱和脂肪 | 富含维生素 C

想减脂的朋友一定要试一下这道有虾、有蛋、有蔬菜的低脂捞汁菜，清爽开胃又解馋，营养还非常全面，减脂期也不用饿肚子啦。

用料

鲜虾 10 只	藕 1/2 个	柠檬 1/2 个	清香米醋 2 勺	食用油 20 毫升
香菇 5 朵	圣女果 5 个	鲜青花椒 20 ~ 30 粒	鱼露 2 勺	纯净水 400 毫升
金针菇 1 小把	玉米 1/2 根	熟白芝麻 适量	零卡糖 2 勺	盐 适量
小米辣 2 个	鹌鹑蛋 10 个	鲜味酱油 2 勺		
西蓝花 5 朵	姜 1 块	蚝油 2 勺		

做法

1 柠檬切片，小米辣切圈，姜切片备用。

2 鹌鹑蛋煮熟后去壳。

3 虾去虾线，放入锅中，加姜片焯至变色后捞出。

4 蔬菜洗净，香菇表面切花刀，藕切片，金针菇去根，玉米切段，圣女果对半切开。

5 将圣女果外的其他蔬菜焯熟后捞出，放凉备用。

6 将鲜味酱油、蚝油、清香米醋、鱼露、零卡糖、柠檬和小米辣圈搅拌均匀成料汁。

7 锅中倒油烧至五成热，下入鲜青花椒炸出香味。

8 将炸好的青花椒油淋入料汁中，搅拌均匀。

9 在料汁中加入纯净水，搅拌均匀成捞汁，根据个人口味适量加盐。

10 将蔬菜、鹌鹑蛋和虾浸泡在捞汁中，使汁水没过所有食材，撒熟白芝麻，盖保鲜膜，放入冰箱冷藏1小时。

小贴士

① 自己做的这个青花椒辣味捞汁是这道菜的"灵魂"。

② 做好后不要急着吃，冷藏浸泡入味后味道超级棒。

酸汤虾片

- ⏱ 20 分钟
- △ 炒、煮
- ☆ 简单
- ◎ 512 千卡
- ✓ 低饱和脂肪 | 低糖 | 低盐

没胃口的时候你一定要试试这道酸酸辣辣的酸汤虾片，简单却不单调，虾片脆嫩有弹性，汤汁鲜爽又开胃，吃起来真的连一滴汤汁都不想浪费。

小贴士

① 裹在虾表面的玉米淀粉要薄，敲打虾片时用力要均匀。

② 汆虾片时水要多，必须一次汆熟透，如再次汆，虾片就不通透，口感上会大打折扣。

③ 酸汤酱本身已经有咸味了，口味重的朋友们可以酌情加盐。

用料

娃娃菜 1 棵	小米辣 2 个	香菜 1 根	清水（或高汤）1 大碗
金针菇 100 克	小葱 1 根	酸汤酱 60 克	食用油 适量
鲜虾 200 克	蒜 3 瓣	玉米淀粉 1 勺	

做法

1 金针菇去根，娃娃菜洗净备用。

2 小米辣、小葱、香菜洗净、切碎。

3 蒜去皮、切末备用。

4 鲜虾去壳，剥出虾仁，虾头留用。

5 虾开背取出虾线，虾背不要切断。

6 虾外蘸薄薄一层玉米淀粉，用擀面杖敲成薄薄的虾片，入锅氽熟（虾片打卷变红色即可）。

7 锅中倒油，烧至七成热，下入虾头，小火煎出虾油。

8 将虾头拣出，下入蒜末，炒出香味。

9 加入酸汤酱炒香后倒清水或高汤，煮开成酸辣汤汁。

10 下入娃娃菜，煮到自己喜欢的口感后盛出，垫在碗底。

11 继续用酸汤煮一下金针菇（在煮开的汤中烫30秒即可）。

12 将煮好的金针菇铺在娃娃菜上，放虾片、浇上滚烫的酸汤，撒上小葱、小米辣和香菜。

翡翠烩三鲜

- 🕐 15 分钟
- 🔺 焯、炒
- ☆ 简单
- ◎ 518 千卡
- ✓ 低饱和脂肪 | 低盐 | 低糖

这道翡翠烩三鲜的名字来源于莴苣焯过后翠绿清透，色似翡翠。虾、莴苣、木耳三样搭配不但颜色漂亮，味道也鲜美。

用料

莴苣 500 克	胡萝卜 20 克
鲜虾 7 只	盐 少许
秋耳 7 朵	松茸粉 2 克
鸡蛋 1 个	食用油 适量

做法

1 秋耳泡发后洗净。

2 鲜虾剥出虾仁，去虾线，虾头留用。

3 莴苣去皮，切滚刀块。胡萝卜切丝。

4 开水中下入莴苣和秋耳，加盐和几滴油，焯至莴苣变得翠绿透明。

5 虾仁焯至变色后捞出。

6 鸡蛋打散。锅中倒油，烧至七成热时倒入蛋液，用筷子快速划散，蛋液凝固后盛出。

7 锅中留适量底油，下入虾头，煎出虾油后将虾头拣出。

8 将莴苣、秋耳、虾仁入锅，加入鸡蛋、盐、松茸粉、胡萝卜丝快速翻炒均匀。

小贴士

虾是优质蛋白质的来源，脂肪含量低，是减脂的优质食材。

虾滑蒸冬瓜

这道虾滑蒸冬瓜是海鲜和素食的结合，荤中有素，素中带鲜的绝佳美味，健康还减脂。

用料

冬瓜 300 克	蛋清 1/2 个
鲜虾 150 克	淀粉 1 勺
胡萝卜 1 段	白胡椒粉 少许
香油 5 毫升	料酒 5 毫升
小葱粒 少许	鲜味酱油 15 毫升
盐 1 克	

🕙 20 分钟　　△ 蒸
☆ 简单　　🍳 279 千卡
✓ 低糖 ｜ 低饱和脂肪

做法

1 鲜虾洗净，用牙签从虾背第二节处挑出虾线，去头、去壳、剥出虾仁。

2 冬瓜洗净、去皮，切成两三毫米厚的片。

3 胡萝卜洗净、去皮、切薄片，用模具压出花，对半切开。边角料留用。

4 将虾仁剁成虾蓉，把胡萝卜边角料剁碎后加入虾蓉中。

5 虾蓉中加蛋清、盐、白胡椒粉、淀粉和料酒，顺一个方向搅拌上劲。

6 冬瓜片摆入盘中，围成圆环。把虾蓉填到冬瓜片中间，围上胡萝卜花片。

7 上锅隔水蒸，上汽后大火蒸10分钟。

8 将鲜味酱油、香油搅拌均匀成料汁。淋在蒸好的冬瓜虾滑上，撒上小葱粒。

小贴士

❶ 冬瓜切成两三毫米厚的片，太厚的话10分钟蒸不透，蒸的时间过长虾滑又容易蒸老。

❷ 喜欢吃辣可以在调料汁中放小米辣。

丝瓜鲜虾煲

- ⏱ 20分钟
- △ 炒、煮
- ☆ 简单
- ◎ 742千卡
- ✓ 低饱和脂肪 | 富含铁

清热低脂、美味养生的丝瓜鲜虾煲，看起来便会让人非常有食欲。

用料

鲜虾 8 只	鸡蛋 1 个	粉丝 1 小把	盐 适量
丝瓜 1 根	木耳 7 朵	高汤 1 大碗	食用油 适量
蒜 2 瓣	胡萝卜 1 段	香油 1 小勺	

做法

1 鲜虾洗净，去头、去壳、开背去虾线，做成虾球。

2 粉丝用温水泡软备用。

3 木耳洗净、泡发。

4 胡萝卜洗净、切花片。

5 丝瓜洗净、去皮、切滚刀块。

6 蒜去皮、切成末。

7 鸡蛋打散成蛋液，锅中倒油烧至七成热，倒入蛋液，炒散后盛出。

8 锅中留底油，加入蒜末炒出香味后放入丝瓜翻炒至变色。

9 另取一砂锅，加入高汤煮开，下入粉丝、木耳、胡萝卜、鸡蛋和丝瓜。

10 放入虾球，加盐，再次煮开，起锅前淋香油。

小贴士

丝瓜除了清热去火，还具备通经活络、美容养颜的作用。

金针虾仁豆腐煲

⏱ 25分钟 △ 煎、炒、煮
☆ 简单 ◎ 561千卡
✓ 低饱和脂肪

大虾的蛋白质含量丰富，可以一周多做几次，补充营养。这道金针虾仁豆腐煲营养丰富，吃起来嫩滑可口。

小贴士

❶ 虾仁要提前腌制，可以有效去除腥味，并使虾仁更入味。

❷ 玉子豆腐很嫩，容易碎，切和煎时都要小心一些，轻轻翻动。

用料

鲜虾 10 只	小米辣 2 个	玉米淀粉 适量	原汁酱油 2 勺	冰糖老抽 1/2 勺
日本豆腐 2 条	蒜 2 瓣	零卡糖 1 小勺	蚝油 1 勺	食用油 适量
金针菇 1 小把	小葱 1 根	高汤 1 碗	盐 适量	

做法

1 金针菇剪去根部，洗净，沥水备用。

2 蒜去皮、切末，小米辣和小葱切圈。

3 鲜虾去头、去壳、剥出虾仁，开背剔除虾线，加盐抓匀，腌制10分钟后洗净。

4 日本豆腐切厚片，均匀裹一层玉米淀粉。

5 锅中放油烧至五成热，下入日本豆腐煎至表面金黄酥脆，捞出沥油。

6 锅中留适量底油，下入蒜末炒至微黄，炒出蒜香。

7 将原汁酱油、蚝油、冰糖老抽、零卡糖搅拌均匀，调成料汁倒入蒜末中，炒匀煮开。

8 将金针菇铺在砂锅底部，浇上煮开的蒜末料汁。

9 将日本豆腐铺在金针菇上。

10 铺上虾仁，倒入高汤。

11 大火煮开后转中火焖5分钟。

12 起锅后撒小米辣和小葱。

虾仁豆腐蒸水蛋

健康减脂既要吃得好还要营养均衡，这款虾仁豆腐蒸水蛋，主要食材有虾、鸡蛋、豆腐，都是健康减脂、补充蛋白质的优质食材，简直是营养搭配界的高手，鲜美又滑嫩，快快做起来吧。

🕐 20分钟　　蒸
☆ 简单　　🔥 714 千卡
🍃 低糖

用料

鲜虾 8 只	盐 少许
内酯豆腐 1 盒	温水 适量
鸡蛋 2 个	料酒 1 小勺
小葱 1 根	食用油 适量
蒸鱼豉油 15 毫升	淀粉 少许

做法

1　内酯豆腐切小块，装入盘中静置片刻，将多余的水分倒出。

2　鲜虾洗净，去头去壳，用料酒、盐、淀粉抓匀，腌制10分钟去腥后，再过清水洗净，虾头留用。

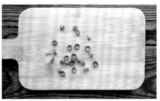

3　小葱洗净，取葱绿部分切小葱圈。

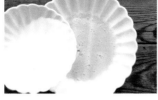

4　鸡蛋加盐，打散成蛋液，加等量的温水，搅打均匀。

5　将蛋液过筛，倒入豆腐盘中。盖保鲜膜，水开后小火蒸8分钟。

6　把虾仁放在微凝固的鸡蛋豆腐表面，再蒸2分钟。

7　油烧至六成热，下入虾头煎出虾油，倒入蒸鱼豉油里搅匀。

8　待虾仁变色后取出，淋上调好的料汁，撒上小葱绿。

小贴士

❶ 蛋液中加温水，搅匀后过筛，蒸出的水蛋更嫩滑。

❷ 蒸的过程中一定注意不要用大火，防止水蛋内部组织出现蜂窝状，影响口感。

❸ 用虾头煎出的虾油来调配料汁，味道更鲜美。

低脂蛤蜊酿虾滑

蒸菜保持了菜肴的原汁原味，带出食物新鲜朴素的味道。做饭过程中无油烟，既健康又能保持厨房清洁。蒸菜比煎炒烹炸的菜肴更容易消化，没有接触过高油温，营养保持得好，对肠胃系统也非常好。

用料

青虾仁 200 克	葱花 少许
马蹄 3 个	香油 5 克
蛤蜊 250 克	鲜味酱油 15 毫升

🕐 20 分钟　　🍲 煮、蒸
☆ 简单　　🔥 617 千卡
✓ 富含蛋白质 | 低脂 | 富含铁

做法

1 蛤蜊浸泡吐沙后洗净，放入锅中，煮至蛤蜊开口，捞出沥水。

2 青虾仁剁成虾蓉，马蹄洗净、去皮、切碎。

3 将虾蓉和马蹄碎混合均匀，塞入蛤蜊中，上锅隔水大火蒸8～10分钟。

4 出锅后将蒸蛤蜊虾滑的汤汁倒进碗中，加鲜味酱油、香油调匀，淋在蛤蜊上，撒上葱花。

小贴士

在虾蓉中加入马蹄，吃起来口感脆爽香甜，也可根据个人喜好添加别的蔬菜。

⏱ 15 分钟　　🍳 炒、焖
☆ 简单　　　🔥 645 千卡
✓ 低饱和脂肪

花蛤粉丝煲

没有人可以拒绝这道热腾腾、香喷喷的花蛤粉丝煲，鲜美入味，太适合降温的季节啦。

用料

花蛤 300 克	鲜味酱油 1 勺
粉丝 1 小把	蚝油 1 勺
金针菇 100 克	鸡精 少许
洋葱 1/2 个	盐、零卡糖 少许
小米辣 5 个	食用油 适量
蒜 1 头	水（或高汤）适量
小葱碎 少许	

做法

1 将花蛤洗净，放入清水中，加盐和食用油搅匀，静置1小时吐沙。

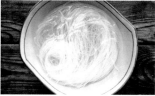

2 粉丝提前泡软备用。

3 洋葱切条，金针菇剪去根，洗净备用。

4 蒜去皮、切蒜末，小米辣切碎备用。

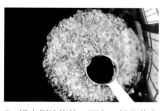

5 锅中倒油烧热，下入一部分蒜末炒至金黄，再下入小米辣碎，加盐、零卡糖、鸡精、鲜味酱油和蚝油。

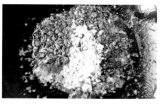

6 加入剩余蒜末，炒均匀成蒜蓉酱。

7 砂锅中铺上洋葱，上面铺金针菇和泡好的粉丝，最上面铺上花蛤，倒上蒜蓉酱。

8 淋入水或高汤，加盖焖10分钟左右。待花蛤全部开口后关火，撒小葱碎。

小贴士

蒜末不要一次全下锅，分两次更能激发出香味。

蒜蓉粉丝蒸贻贝

⏱ 15分钟　　🍲 蒸
☆ 简单　　◎ 634 千卡
✔ 低饱和脂肪 | 0 胆固醇 | 富含铁

贻贝味道鲜甜，没有什么腥味，清蒸、煮汤、煮粥或炒都特别好吃，简直是无法拒绝的美味。

用料

冰鲜熟贻贝 500 克	小米辣 2 个
粉丝 1 小把	盐、鸡精 适量
蒜 1 头	食用油 适量
青线椒 1 个	葱绿丝 少许

做法

1　粉丝泡软、沥水，剪成几段铺在盘中。

2　蒜去皮、切末，青线椒和小米辣切碎备用。

3　贻贝洗净，去掉一半壳，剪去足丝，摆在粉丝上。

4　蒜末和辣椒中加适量盐和鸡精，油烧热浇在上面，搅拌均匀。

5　把蒜末和辣椒均匀铺在贻贝上，上锅隔水蒸五六分钟。

6　出锅后撒葱绿丝，上桌。

小贴士

如果用的生贻贝，要延长蒸制时间，隔水蒸8～10分钟为宜。

蒜蓉粉丝蒸籽乌

⏱ 25分钟　　△ 炒、蒸
☆ 简单　　　 ⊙ 435 千卡
✓ 低热量｜富含维生素 E

这道蒸菜蒜香浓郁、味道鲜美、籽乌口感
脆嫩，吸满了汤汁的粉丝同样解馋。

用料

籽乌 500 克	小葱 1 根	零卡糖 适量	
粉丝 1 把	柠檬蒸鱼豉油 2 勺	食用油 适量	
蒜 1 头	盐 1 克		

小贴士

籽乌要选用新鲜的，冻了很久的不适合清蒸。

做法

1 粉丝用温水泡软，剪断。

2 蒜去皮、切成蒜末。

3 小葱绿切丝，泡在水中。

4 籽乌洗净，煎开筒，去掉内脏、眼睛和牙齿，抽出中间的软骨。

5 将泡软的粉丝平铺在盘底。把籽乌均匀铺在粉丝上，不要叠放。

6 油烧至六成热，下入一半蒜末炒至金黄，再下入另一半蒜末，关火炒匀。

7 将炒好的蒜末盛出，加入盐、零卡糖、1勺柠檬蒸鱼豉油，调匀成蒜蓉酱。

8 将调好的蒜蓉酱浇在籽乌上，上锅隔水蒸六七分钟。

9 出锅后撒上葱丝，再淋上1勺柠檬蒸鱼豉油，最后淋上热油，激发出葱香。

海虹拌菠菜

🕐 10 分钟　　△ 焯、拌
☆ 简单　　◎ 197 千卡
✓ 低饱和脂肪 | 低盐

简单、营养、美味的海虹拌菠菜，脂肪含量低、清淡不油腻。只需要简单调味就能征服你的味蕾。

用料

菠菜 250 克　　　　　鲜味酱油 2 勺
熟海虹肉 150 克　　　白芝麻 2 克
胡萝卜 20 克　　　　香油 1 小勺
蒜 3 瓣

做法

1　菠菜择洗干净，切段，焯水去草酸后沥水。

2　蒜去皮、切蒜末，加鲜味酱油和香油搅拌均匀成料汁。

3　胡萝卜洗净、切丝。

4　在焯好的菠菜、熟海虹肉、胡萝卜丝中加入调好的料汁拌匀，撒白芝麻。

小贴士

❶ 海虹肉提前洗净、蒸熟，可放冰箱冷冻保存。
❷ 菠菜要焯水去草酸，但焯水时间不宜过长。
❸ 料汁可根据个人口味调配，可加适量芥末油、辣椒油。

温拌鲍鱼

温拌海鲜是胶东四人拌之一，是非常经典的凉拌菜。所谓温拌是指将原料加工成熟，通常采用汆烫的方法，然后加入海鲜拌汁，拌匀即成。鲍鱼这样做简单、好看、好吃还有营养。快来解锁这道口味甘甜、肉质紧实、嚼起来非常筋道的温拌鲍鱼吧。

用料

大鲍鱼 3 个	香菜 1 根
青椒 1 个	虾头 7 个
小米辣 1 个	食用油 适量
葱白 1 段	海鲜拌汁 50 毫升

小贴士

鲍鱼汆烫变色即可，煮的时间不可过长，口感会变老。

⊙ 10 分钟　⌂ 汆、拌
☆ 简单　　🔥 251 千卡
✓ 低饱和脂肪 | 低糖 | 富含维生素 C

做法

1 葱白、青椒、小米辣切丝，香菜切段备用。

2 大鲍鱼肉切片。

3 锅中水煮开，下入鲍鱼肉片汆烫后捞出沥水。

4 锅中倒油烧热，放入虾头煸出红色的虾油。

5 将虾油倒入海鲜拌汁中搅拌均匀。

6 将鲍鱼片放进容器中，加葱白、青椒丝、小米辣、香菜段，浇上海鲜拌汁拌匀。

白灼小章鱼

章鱼含有丰富的蛋白质、矿物质，还富含抗疲劳、抗衰老的重要保健因子——天然牛磺酸。芦笋含有丰富的B族维生素、维生素A以及微量元素和氨基酸。吃腻了大鱼大肉，素菜又过于单调，不如来一道白灼小章鱼，清清爽爽。

⏱ 15分钟　△ 焯
☆ 简单　◎ 253 千卡
✓ 低饱和脂肪 | 低糖 | 富含叶酸

用料

芦笋7根	小米辣1个	料酒1勺
小章鱼6个	姜2片	盐 适量
小葱1根	蒸鱼豉油2勺	食用油 适量

做法

1 芦笋洗净，削去老皮，切成8厘米长的段。

2 小章鱼去内脏、眼睛和牙齿后洗净。

3 将葱绿和小米辣切丝备用。

4 锅中水煮开，加少许盐和几滴食用油，下入芦笋焯熟。

5 焯熟的芦笋捞出沥干后摆入盘中。

6 另煮一锅水，加姜片和料酒煮开，下入小章鱼，打卷后关火。

7 把焯好的小章鱼沥干后摆在芦笋上。

8 淋蒸鱼豉油，撒葱绿和小米辣丝，浇上热油即可。

小贴士

小章鱼焯水时间不宜过长，水开下入，立刻关火，打卷即可捞出。

轻主食

糖果金枪鱼三明治

- ⏱ 10分钟　⌂ 卷
- ☆ 简单　　◎ 659千卡
- ✓ 低盐

这道金枪鱼口味的三明治，清爽不腻很好吃，包裹成糖果的可爱形状，搭配浓郁暖心的咖啡，真的太让人满足啦。

用料

黑麦吐司4片

煮鸡蛋1个

苦菊1小把

金枪鱼罐头（水浸）1罐

番茄1个

海苔碎 少许

做法

1 苦菊洗净，用厨房纸吸干水分。

2 番茄洗净、切片备用。

3 把黑麦吐司片摆在盘中，铺一层苦菊，一层番茄片，再铺上金枪鱼肉。

4 煮鸡蛋切片，铺在最上面，撒海苔碎。

5 把两片吐司夹起来，用烘焙油纸包裹，两边反向拧一下，拧成糖果状。

小贴士

三明治中可加入自己喜欢的食材，自由搭配。

苹果玫瑰花吐司

- ⏱ 15 分钟
- 🍲 煮
- ☆ 简单
- ☀ 325 千卡
- ✔ 低脂

睡到自然醒，给自己做一份高颜值营养吐司，马上元气满满。

用料

全麦吐司 2 片	零卡糖 10 克
苹果 1 个	果酱 1 勺

做法

1 将一片吐司中间切出方形回字框。

2 将另一片吐司中间按扁，在按扁的地方涂一层果酱。

3 将两片吐司叠起来。

4 苹果洗净、切开去核、切尽量薄的片，浸泡在淡盐水中防止氧化变色。

5 平底锅中加水和零卡糖煮开，放入苹果片烫软。

6 将苹果片捞出沥水，取 8～10 片从大到小依次叠放。

7 从最右边一片向左边卷起。

8 将 9 个卷好的苹果玫瑰花摆在吐司框中，可以加小叶子点缀一下。

小贴士

苹果片稍微烫软即可，不可煮得太过。

懒人小餐包

⏱ 30 分钟　　🔥 烤
☆ 简单　　　◎ 143 千卡 / 个
✔ 低糖

不需要揉面，也不需要出膜，这款面包真是懒人和小白的福利。喜欢吃面包的朋友一定要试。

用料

面包粉 250 克	温牛奶 160 毫升
橄榄油 10 毫升	鸡蛋 1 个
耐高糖干酵母 3 克	零卡糖 10 克
盐 1 克	黑芝麻 适量

做法

1 将温牛奶、耐高糖干酵母、零卡糖、盐混合搅匀。

2 加入鸡蛋、橄榄油搅拌均匀。

3 加入面包粉，用硅胶刀搅拌至无干粉的状态。

4 盖上保鲜膜，醒发至2倍大后取出，从外向里翻拌，按压排气1分钟。

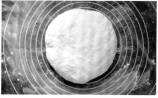
5 在硅胶垫上撒一层干粉，将面团放在硅胶垫上，向里收口，整形。

6 将面团等分成8份。取一份面团向里折叠，揉圆，做好生坯。

7 盖上保鲜膜，继续醒发至2倍大，然后在表面刷一层清水。

8 撒上黑芝麻。烤箱180℃预热，将面包生坯烤15～18分钟。

小贴士

❶ 这款面包含水量比较大，所以不要用手揉，会非常黏。

❷ 菜谱中用到的糖分量很少，如果喜欢甜可以再加点儿糖。

❸ 做好后及时密封保存，第二天还是软的。

椰蓉蜜豆小餐包

🕐 30 分钟　🍳 烤
☆ 简单　　　⊗ 198 千卡 / 个
✍ 低糖

超柔软的椰蓉蜜豆小餐包，做法真的非常
简单，不需要揉面。

用料

面包粉 250 克	鸡蛋 1 个
橄榄油 10 毫升	零卡糖 10 克
耐高糖干酵母 3 克	椰蓉 适量
盐 1 克	蜜豆 适量
温牛奶 160 毫升	

做法

1　将椰蓉和蜜豆混合均匀，做成
椰蓉蜜豆馅。

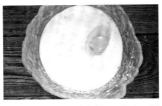

2　将温牛奶、耐高糖干酵母、零
卡糖、盐混合搅匀，再加入鸡蛋
和橄榄油拌匀。

3　加入面包粉，用硅胶刀搅拌至
无干粉的状态。

4　盖上保鲜膜，醒发至2倍大后取
出，翻拌按压排气。

5　在硅胶垫上撒一层干粉，将面
团收口、整形，等分成8份。

6　将一份面团向里折叠，压扁后
填上椰蓉蜜豆馅，捏合收口。

7　盖上保鲜膜，继续醒发至2倍大
后做出自己喜欢的图形，筛粉。

8　烤箱180℃提前预热5分钟，将
面包生坯放进去烤15～18分钟。

小贴士

馅料中的蜜豆已经有甜味了，
糖不用加太多。

牛角小面包

⏱ 40分钟　　△ 烤
☆ 简单　　　◎ 248千卡/个
✔ 低糖

牛角面包属于起酥类面包，因为裹入黄油，所以热量比较高，让人馋而生畏。这款牛角面包没有加入黄油，更健康，做法也相对简单。特别适合对饮食严格控制的朋友解馋。

用料

面包粉 500 克	盐 2 克	零卡糖 30 克	全蛋液 适量
鸡蛋 1 个	水（或牛奶）250 毫升	玉米油 40 毫升	
耐高糖干酵母 5 克	奶粉 50 克	白芝麻 适量	

做法

1 将除玉米油、水、全蛋液和白芝麻外的所有原材料放入容器中混合均匀。

2 加入30毫升玉米油和水，揉成光滑的面团，盖保鲜膜松弛10分钟。

3 将松弛好的面团等分成小面团，滚圆，盖保鲜膜保湿。

4 取一个面团，搓成胡萝卜状。

5 在宽的一端切开六七厘米的口，左右拉开，往上卷起来。

6 两角往内弯，做成牛角造型。

7 把面包坯放在烤盘上，放在温暖湿润处醒发30分钟。

8 在面包坯表面刷一层全蛋液，撒白芝麻。

9 放入180℃预热的烤箱，先烤15分钟，取出刷一层玉米油，再烤5分钟即可。

小贴士

① 可根据面粉吸水率适当增减水或牛奶的用量。

② 盐可以强化面筋，增加面团的延展性，能让面包风味更加明显，能吃出面粉的麦香。

⏱ 60分钟　🔥 烤
☆ 简单　　🍴 66千卡/个
✓ 富含膳食纤维 | 低盐

多谷物紫薯蝴蝶结小面包

减肥的朋友大多觉得面包的糖、油含量高，热量也高，不宜多吃。这款无油无糖的多谷物紫薯面包，既解了馋，也少了吃面包的"罪恶感"。可盐可甜的多谷物紫薯蝴蝶结小面包，让美味与健康兼得。

用料

多谷物面包粉 350 克　　　椰蓉 适量

紫薯 100 克　　　　　　　水 适量

耐高糖干酵母 4 克

做法

1 紫薯洗净，上锅隔水蒸20～25分钟，用筷子能扎透即可。放凉后去皮、捣成泥。

2 多谷物面包粉中加入耐高糖干酵母搅拌均匀，再加入紫薯泥。

3 根据面粉的吸水率加入适量水揉成面团，盖保鲜膜，低温醒发至面团2倍大，内部组织呈蜂窝状。

4 取出面团排气揉光，分割成大小合适的面剂子。

5 将面剂子按扁成小圆饼，按图示切开。

6 做成蝴蝶结形状。

7 将做好的面坯放在烤盘上，撒适量椰蓉，二次醒发。

8 将面坯放进烤箱，150℃烤12分钟。

小贴士

❶ 烤制时间可根据自家烤箱性能和面坯大小调整。

❷ 可以把紫薯泥换成蔬菜汁。

无油杂粮全麦司康

传统的司康要放不少黄油，吃起来容易有心理负担。这款改良后的司康，清爽不油腻，奶香却不减，低脂健康，饱腹感强，好吃无负担。放了一些蔓越莓干来改善口感，吃起来酸酸甜甜的，口感层次更加丰富。

用料

杂粮全麦面包粉 200 克　　　　牛奶 100 毫升

耐高糖干酵母 2 克　　　　　　蔓越莓干 20 克

鸡蛋 1 个　　　　　　　　　　零卡糖 10 克

⏱ 40 分钟　　△ 烤
☆ 简单　　　　🔥 229 千
✓ 低盐 | 低脂

做法

1 在杂粮全麦面包粉中加入耐高糖干酵母和零卡糖，搅拌均匀。

2 少量多次加入牛奶，搅拌成絮状。

3 加入蔓越莓干，揉成面团，盖保鲜膜醒发。

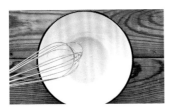

4 鸡蛋取蛋黄，打散成蛋液备用。

5 将醒发好的面团按成厚1厘米左右的饼。

6 入烤箱，180℃烤10分钟。

7 取出切块，表面刷一层蛋黄液。

8 进烤箱180℃再烤10分钟。

小贴士

❶ 如果发现上色过深，可及时盖上锡纸。

❷ 趁热吃口味更好，冷掉后可用烤箱复烤一下。直接吃或蘸牛奶、抹酸奶、抹炼乳、抹果酱都好吃。

土豆泥黄瓜寿司卷

清爽的黄瓜片包裹糯香的土豆泥，搭配各种食材，一共六款，低卡饱腹、健康满分，先吃哪一款呢？

○ 20 分钟　　△ 蒸、焯
☆ 简单　　◎ 312 千卡
⚡ 低盐 | 低饱和脂肪

用料

土豆 1 个	午餐肉 20 克
鲜虾 2 只	海苔肉松 10 克
甜玉米粒 10 克	低脂沙拉酱 适量
蓝莓 10 个	海盐黑胡椒 适量
胡萝卜丁 10 克	茶油 5 毫升
黄瓜 1 根	欧芹碎 少许
圣女果 2 个	薄荷叶 少许
草莓 2 个	

做法

1　土豆去皮、切片。

2　上锅隔水蒸15分钟。

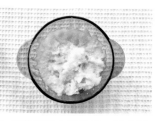

3　把蒸熟的土豆放凉，压成泥，加茶油、海盐黑胡椒和低脂沙拉酱，搅拌均匀。

4　黄瓜用刮皮器刮出薄片，胡萝卜丁、甜玉米粒焯熟沥水，虾煮熟、去壳，圣女果切片，草莓和午餐肉切丁。

5　把黄瓜薄片卷成椭圆形，摆入盘中，再填入土豆泥沙拉。

6　在土豆泥上摆上不同的食材，挤上沙拉酱，撒欧芹碎，加薄荷叶装饰。

小贴士

食材可以根据家里的库存和个人喜好搭配。

时蔬肉松饭团

- ⏱ 15 分钟
- 🍳 焯、拌
- ☆ 简单
- ◎ 443 千卡
- ✔ 低饱和脂肪 | 低胆固醇

饭团做法很简单，同样的方法可以制作出
不一样的口味，装饰成自己想要的样子。
米饭吃的不只是味道，更是营养和花样。

用料

米饭 240 克　　　　　海苔丝 5 克

胡萝卜 20 克　　　　日式昆布酱油 5 毫升

西蓝花 20 克　　　　熟白芝麻 5 克

肉松 15 克

做法

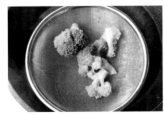

1　将西蓝花掰成小朵，洗净后焯
熟，沥水。

2　将西蓝花和胡萝卜切碎，放入
米饭中。

3　加入日式昆布酱油和肉松。

4　戴手套，将米饭抓拌均匀。

5　压入饭团模具（也可用手把饭
团团起来后整形）。

6　脱模后放入盘中，撒上海苔丝
和熟白芝麻。

小贴士

蔬菜和肉类可以根据个人喜好添加，做到营养均衡
就好。也可以花点儿小心思，包入内馅，比如培根
或喜欢的时蔬，更有意思。

低脂饭团

🕐 20 分钟　　△ 拌
☆ 简单　　◎ 529 千卡
✂ 低饱和脂肪

阳光灿烂的时候最适合郊游，自己亲手做
一些适合野餐的食物，和家人朋友一起分
享，既吃得舒心又卫生健康。

用料

米饭 1 碗	低脂芝士片 2 片	肉松 适量	寿司醋 5 毫升
小黄瓜 1 根	熟白芝麻 适量	海苔碎 适量	沙拉酱、番茄酱 少许
芒果 1 个	樱花鱼粉 5 克	日式昆布酱油 5 毫升	黑芝麻 少许

做法

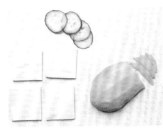

1 芒果去皮、去核、切片和丁，小黄瓜切薄片，芝士片切小片。

2 取一份米饭与寿司醋拌匀，加入海苔碎、熟白芝麻和日式昆布酱油，戴厨房手套抓拌均匀。

3 抓取50克左右，用保鲜膜包起来，攥紧成饭团。

4 再抓一份米饭，加入适量樱花鱼粉，戴厨房手套抓拌均匀。

5 抓取50克左右平铺在保鲜膜上，加肉松和海苔碎。

6 用保鲜膜包起来，攥紧成饭团。

7 抓取第三份米饭，平铺在保鲜膜上，加适量熟白芝麻、肉松、海苔碎。

8 用保鲜膜包起来，攥紧成饭团。

9 饭团做好后加上芝士片、小黄瓜、芒果，淋上沙拉酱、番茄酱，撒黑芝麻，可加小叶子装饰。

小贴士

饭团食材可以根据个人口味调整。

嫩牛口袋饼

⏱ 30分钟　△ 烙、煎
☆ 中等　　◎ 674千卡/个
✓ 富含蛋白质 | 低饱和脂肪

口袋饼形如其名，犹如口袋一般，能囊括
万物。将个人喜爱的蔬菜或肉类等塞进口
袋里，大口大口咬，真是过瘾。

小贴士

① 和面用70℃左右的热水，这样烙出的饼酥脆中带有韧劲，里面柔软。

② 小火加盖烙饼是为了水蒸气在锅中循环，烙出的饼才会不干不硬，口感柔软有韧性。

③ 牛肉用盐或牛排酱腌制一下，能释放牛肉的香味。煎时用大火能迅速封住牛里脊肉里面的肉汁，使
肉质鲜美、嫩滑多汁。

④ 配菜根据个人口味添加，做到营养均衡就好。

用料

牛里脊肉 500 克	胡萝卜 1/2 根	食用油 20 毫升
面粉 500 克	生菜 1 棵	盐 2 克
黄瓜 1 根	牛排酱 30 克	70℃热水 255 毫升

做法

1 将牛里脊肉切成长10厘米、宽1.5厘米的长条，加牛排酱抓匀，腌制30分钟以上入味。

2 腌制牛肉时来和面团。在面粉中加盐搅匀，再加入70℃的热水，用筷子将面粉搅成絮状。

3 揉成光滑的面团，盖保鲜膜醒发15～20分钟，然后再次揉光滑。

4 将面团擀成两三毫米厚的饼皮，切成长方形面片。

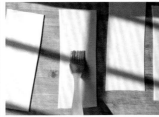

5 在面片中间刷一层薄油，两边各留出1厘米的空白。

6 在两边空白处薄涂一层清水。

7 将面片刷油的一面向内对折，将涂水的两边轻轻压一下，粘起来。

8 将面片的两边用叉子压紧，压出花边，做好饼坯。

9 平底锅预热，放入饼坯。小火加盖，烙熟。

10 黄瓜、胡萝卜洗净、切长条。

11 另取一平底锅，将腌制好的牛里脊肉大火煎1.5分钟，每面都煎一下。

12 将做好的肉和菜装进口袋饼里。

芝香肉松海苔华夫饼

想吃华夫饼，自己在家就能做，原料简单易得，无油煎烤零负担。外脆里酥、满口留香。

⏱ 40 分钟　🔥 烤
☆ 简单　　734 千卡
✓ 富含蛋白质 | 低饱和脂肪

用料

低筋面粉 150 克　　　　零卡糖 10 克

肉松 20 克　　　　　　白芝麻 10 克

海苔 20 克　　　　　　温水 适量

耐高糖干酵母 2 克

做法

1 在低筋面粉中加入零卡糖和耐高糖干酵母，搅拌均匀。

2 少量多次加入温水，搅拌成絮状，揉成光滑的面团，盖保鲜膜醒发。

3 将醒发好的面团分割成大小合适的面剂，按扁后包入白芝麻、肉松、海苔。

4 包好后收口朝下醒发片刻。

5 把华夫饼机通电预热3分钟，将包好馅的生坯压入华夫饼机的烤盘中。

6 每个饼中火烤五六分钟后出锅。

小贴士

馅料可以根据个人口味添加、替换。

菠菜红豆沙糯米饼

🕐 20 分钟　　⌂ 煎
☆ 简单　　　⏱ 751 千卡
✓ 低脂

这道菠菜红豆沙糯米饼口感细腻清香，加入了菠菜汁和红豆沙馅，补铁补血更营养。

用料

糯米粉 150 克	零卡糖 10 克
菠菜 50 克	清水 适量
红豆沙馅 80 克	食用油 15 毫升
白芝麻 适量	

做法

1　锅中水烧开，下入菠菜焯水去草酸，沥水。

2　将菠菜放入料理机中，加适量清水打成菠菜汁，过滤后煮开。

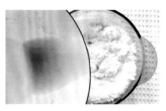

3　在糯米粉中加入零卡糖，搅拌均匀，少量多次加入菠菜汁。

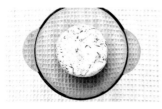

4　用硅胶刀搅拌均匀，揉成光滑的菠菜糯米面团。

5　将面团分成相同大小的剂子，揉圆。

6　用手把面团压成皮，填入红豆沙馅，封口。

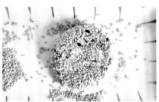

7　轻压成饼，两面蘸上白芝麻。

8　锅中刷油，放入糯米饼，小火慢煎至两面变软，颜色变深即可。

小贴士

① 菠菜汁要少量多次慢慢加入，具体加入量要看糯米粉的吸水量。

② 加入红豆沙馅包成圆饼后不要反复压扁，否则饼皮干了容易开裂。

③ 煎的过程中要经常给饼翻面，避免煎煳。

蔓越莓玉米卷

- ⏱ 30分钟
- 🍚 蒸
- ☆ 简单
- ⚙ 154千卡 / 个
- ✅ 低饱和脂肪

玉米面用开水一烫，加一把蔓越莓干，酸甜开胃，暄软好吃。

用料

玉米粉 100 克	蔓越莓干 50 克
普通面粉 200 克	鸡蛋 1 个
零卡糖 10 克	开水 适量
耐高糖干酵母 3 克	

做法

1 玉米粉用开水烫一下，用筷子搅拌成絮状。

2 加入普通面粉、零卡糖、耐高糖干酵母和鸡蛋，搅拌均匀。

3 揉成光滑的面团，盖保鲜膜醒发至2倍大。

4 醒发好的面团取出排气，再次揉光。

5 分成8个大小相同的面剂子。

6 将面剂子擀成牛舌状，撒适量蔓越莓干，从一端卷起。

7 擀成牛舌状，再次卷起。

8 将蔓越莓玉米卷放入蒸笼醒发15分钟，上锅隔水蒸15分钟即可。

小贴士

1 烫玉米粉时，开水要少量多次加入，看不到干粉即可。

2 和面时可根据面粉的吸水性加入适量水和食用油。

3 面要和得软一点儿，成品口感会更暄软。

榆钱窝窝

⏱ 40 分钟　　☁ 蒸
☆ 简单　　❀ 120 千卡 / 个
✔ 低饱和脂肪

春暖花开，是采摘并品尝榆钱的好时节，踏青之际采上一把鲜嫩的榆钱，搭配些玉米粉，做成榆钱窝窝，既有营养又好吃。

用料

榆钱 适量　　　　　　　酵母粉 2 克

普通面粉 150 克　　　　清水 100 毫升

玉米粉 50 克　　　　　盐 少许

做法

1 榆钱去掉尾部，水里加盐浸泡10分钟，洗净、沥干。

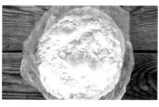

2 将面粉和玉米粉混合均匀，加入酵母粉。

3 少量多次加入清水，搅拌成絮状。

4 加入洗净的榆钱，揉成面团，盖保鲜膜醒发。

5 取出面团，搓成圆柱形，分割成6个大小相同的剂子，搓圆。

6 用右手大拇指在面坯上面按一个洞，放在掌心。

7 整成窝头形状。

8 放入蒸笼隔水蒸，大火烧开后转中火蒸15~20分钟，再关火闷3分钟。

小贴士

榆钱本身含有水分，和面时水要少量多次加入，并且面粉的吸水性不同，要根据实际情况添加。

翡翠白菜蒸饺

⏱ 45分钟　蒸
中等　　◎ 2732 千卡
✓ 营养均衡

颜值与美味兼具的翡翠白菜蒸饺，绝对上桌即光盘。快来为餐桌增添一抹充满活力的绿色吧。

用料

猪肉馅 250 克 菠菜 100 克 白菜 150 克	面粉 300 克 姜 2 片 大葱 1 根	八角 1 个 香菜 1 根 食用油 适量	生抽 2 勺 蚝油 1 勺	十三香粉 1 小勺 盐、鸡精 适量

小贴士

在白菜碎中淋入自制的小料油拌匀,可以锁住白菜的汁水,让饺子吃起来更加美味多汁。

做法

1 将面粉分成100克、200克两部分。

2 菠菜洗净,放入料理机中,加适量水打成汁后过滤。

3 将菠菜汁少量多次加入100克的面粉中,搅拌成絮状后揉成绿色面团。将200克面粉加水,揉成面团。将两个面团盖保鲜膜醒15分钟后再次揉光。

4 大葱切段,姜切丝,一部分葱姜用适量温水浸泡,揉搓成葱姜水。

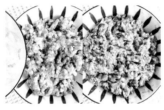

5 将葱姜水过滤后加入猪肉馅中,加生抽、蚝油、十三香粉、盐和鸡精,顺一个方向搅拌上劲。

6 锅中加油烧至六成热,加入剩余葱姜、八角和香菜,煎至香料变焦黄后将香料拣出,制成小料油。

7 白菜洗净、切碎,淋入自制的小料油拌匀。

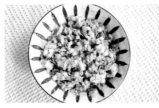

8 把白菜碎加入猪肉馅中,顺一个方向搅拌均匀,调好饺子馅。

9 把醒好的绿色面团擀成长方形,把白色面团搓成圆柱形,包裹在绿色面团里。

10 切分成大小合适的面剂子,擀成饺子皮。

11 在饺子皮中间填上适量馅,包成类似白菜形饺子。

12 将饺子放入蒸笼,上锅隔水蒸15分钟即可。

玫瑰花蒸饺

🕐 50 分钟　　△ 蒸
☆ 中等　　☀ 996 千卡
✓ 富含蛋白质 | 低饱和脂肪

生活既要有诗意和浪漫，又要有柴米油盐
烟火气，这款玫瑰花蒸饺除了好看好吃，
还可以当作礼物，送给爱人。

用料

鲜虾 200 克　食用油 10 毫升　蛋清 1 个
饺子粉 200 克　盐 2 克　料酒 10 毫升
红曲粉 4 克　鸡精 1 克　清水 100 毫升

小贴士

❶ 加红曲粉的时候要少量多次加入，不可一次加入过多，否则蒸出的成品颜色不好看。

❷ 馅料可以根据个人喜好选择。

做法

1 饺子粉中少量多次加入清水，搅拌成絮状。

2 揉成光滑的面团，盖保鲜膜醒15分钟。

3 虾去头尾、去壳，剥出虾仁，加料酒抓拌去腥。

4 将虾仁过清水洗净，吸干表面水分，剁成虾蓉。

5 加盐、鸡精、蛋清、食用油，用筷子顺一个方向搅上劲。

6 将面团取出揉光，分成相同大小的两块，其中一块加入红曲粉。

7 揉匀，把两块面团盖保鲜膜醒10分钟，松弛一下。

8 把醒好的面团搓成圆柱形，切分成大小均匀的面剂子，再擀成薄一些的饺子皮。

9 取4张饺子皮，从左至右依次压一点边叠放，在中间填上适量虾蓉。

10 将饺子皮向上叠起后沿一端卷起来。

11 最后抹点水收口。

12 用同样的方法做好白色玫瑰饺子后，上锅隔水蒸15～20分钟即可。

健康减脂便当

⏱ 30分钟　　△ 焯、炒、拌
☆ 简单　　　◎ 908 千卡
✓ 低饱和脂肪

北方的春天太短暂，冬天一过，就感觉夏天来了。只好趁着这么几天，把健康的减脂便当做起来，抓紧时间减肥吧。

小贴士

❶ 焯水去除了芦笋中的草酸，大大缩短了炒制时间，减少了营养成分的流失。芦笋焯水宁可欠一些，也不要过。

❷ 配料中没有太多的调味品，为的是能够吃到食材最本真的味道。

❸ 食材可以根据个人喜好搭配。

用料

鸡蛋 2 个	鲜虾 10 只	圣女果 8 个	苦菊 1 小把	樱花鱼松粉 适量
芦笋 2 根	西蓝花 60 克	胡萝卜 30 克	橄榄油 20 毫升	柠檬沙拉汁 15 毫升
米饭 1 碗	甜玉米粒 50 克	生菜 2 片	盐 2 克	黑芝麻、海苔、番茄酱 少许

做法

1 蔬菜中加盐，浸泡后洗净，控干。

2 鲜虾洗净，去壳、去虾线，剥出虾仁洗净，虾头留用。

3 胡萝卜切花片，圣女果去蒂、对半切开，芦笋斜刀切段。

4 鸡蛋磕入碗中，打散成蛋液备用。

5 戴手套，取适量米饭搓成长条形，做成蜗牛身体形状。

6 再取适量米饭，加樱花鱼松粉，团成球形，做蜗牛的壳。

7 将生菜铺在便当盒中，摆上饭团，用海苔做眼睛和嘴，用黑芝麻和番茄酱装饰。

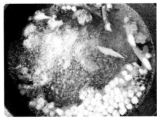

8 锅中水煮开，下入西蓝花、甜玉米粒、芦笋、胡萝卜焯水30秒，沥水备用。

9 锅中倒橄榄油，烧至六成热，下入虾头煎出虾油，将虾头拣出后将虾仁下锅煎至变色后盛出。

10 锅中留底油，倒入蛋液炒散，加入芦笋、少许盐翻炒均匀。

11 将焯好的蔬菜、虾仁、圣女果和苦菊淋柠檬沙拉汁拌匀。

12 将芦笋滑蛋、鲜虾时蔬沙拉装进便当盒。

日式碎鸡饭

好吃到词穷的日式碎鸡饭，其实就是鸡肉盖浇饭加流心荷包蛋，汁浓饭香，看了就会做，步骤超级简单，成本也很低。

用料

米饭 1 人份	海苔丝 适量	零卡糖 2 勺
大鸡腿 1 只	白芝麻 少许	食用油 少许
昆布 2 片	清酒 1 勺	盐 少许
木鱼花 1 小把	料酒 2 勺	黑胡椒 少许
小葱 1 根	生抽 2 勺	
鸡蛋 1 个	蚝油 2 勺	

🕐 30 分钟　　🍲 煮、炒
☆ 简单　　🔥 467 千卡
✓ 低盐

做法

1 鸡腿洗净，去皮、剔骨、切小丁。

2 在鸡丁中加盐、黑胡椒、1勺料酒抓拌均匀，腌制15分钟。

3 将蚝油、清酒、生抽、料酒、零卡糖调匀成照烧汁。

4 昆布泡发后洗净，和木鱼花一起入开水煮两三分钟，过滤。

5 小葱葱白部分切葱花，葱绿部分切圈备用。

6 锅中倒油烧热后将葱白炒香，下入鸡腿肉丁，翻炒至变色。

7 加入调好的照烧汁，翻炒均匀后淋入昆布木鱼花高汤。

8 米饭中间挖个孔，煎个溏心蛋或煮个温泉蛋放在中间，撒上白芝麻和海苔丝，将鸡肉丁铺上。

小贴士

❶ 照烧汁中蚝油、清酒、生抽、料酒、零卡糖按2：1：2：1：2的比例混合。

❷ 不同品牌的生抽和蚝油含盐量不同，调好后尝尝咸淡，以自己的喜好调整。

❸ 照烧汁中的零卡糖用蜂蜜代替也可以。

鲜鱿盖饭

这道盖饭充满着家的味道。鱿鱼有嚼劲，透着海苔的鲜、芝麻的香，吃起来口感丰富，美味异常。一道简单的家常料理，在寂寞的夜里温暖了广大吃货的心。

用料

米饭1人份	小葱1根	白芝麻 适量
小鱿鱼4条	米酒1勺	盐 少许
昆布2块	零卡糖5克	料酒1勺
木鱼花30克	昆布酱油2勺	食用油20毫升
蒜2瓣	海苔丝 适量	

⏱ 30分钟　　🍳 煮
☆ 简单　　🔥 440千卡
✓ 低热量

做法

1 鱿鱼去眼睛、内脏洗净，切圈后加盐和料酒抓拌均匀去腥。

2 蒜去皮、切成蒜片，小葱切圈备用。

3 昆布用温水泡发，入开水煮2分钟，加入木鱼花再煮2分钟，过滤出高汤。

4 碗中加入昆布酱油、米酒、零卡糖，搅拌均匀调成料汁。

5 锅中倒油，烧至七成热时下蒜片爆香，下入鱿鱼，倒入调好的料汁。

6 加入昆布木鱼花高汤，大火收汁至浓稠。

7 把鱿鱼盛出，铺在米饭上。

8 撒上海苔丝、白芝麻和小葱圈。

小贴士

喜欢吃鸡蛋的也可以煮一颗传统的日式温泉蛋搭配。

肥牛盖饭

一个人在家时，想要为自己准备这样一份暖暖的肥牛盖饭，感觉胃也充满了幸福感。一个人也要好好吃饭。

用料

米饭 1 人份	蚝油 1 勺
牛肉卷 200 克	海苔丝 适量
昆布 10 克	白芝麻 适量
洋葱 1/2 个	零卡糖 少许
鸡蛋 1 个	食用油 适量
日式酱油 1 勺	

🕐 30 分钟　　🥢 炒
☆ 简单　　🔥 772 千卡
✔ 富含蛋白质

做法

1 昆布洗净，用水泡发，泡昆布的水备用。

2 洋葱切条，放入热油中爆香。

3 下入牛肉卷，翻炒至变色。

4 加入适量泡昆布的水，再加入日式酱油、零卡糖和蚝油，翻炒均匀至入味。

5 将炒好的牛肉摆在米饭上。

6 煎个溏心蛋盖在上面，撒白芝麻和海苔丝提香。

小贴士

❶ 炒牛肉时汤汁不要收干，用汤汁拌米饭更香。
❷ 昆布煮熟后加点儿味醂和白芝麻，拌成小菜搭配食用。

石锅拌饭

石锅内放入米饭和菜，再烤到锅底有一层锅巴，喷香诱人。厚重的黑色陶锅保温效果好，细嚼慢咽的人不用怕饭菜冷掉。石锅拌饭材料荤素搭配，营养均衡。

⏱ 30 分钟　🍳 炒
☆ 简单　🔥 998 千卡
✓ 低盐

用料

米饭 150 克	鸡蛋 1 个
鲜香菇 2 朵	香油 10 毫升
西葫芦 1/2 个	熟白芝麻 适量
菠菜 2 棵	韩式辣酱 适量
洋葱 1/3 个	食用油 20 毫升
红椒 1/2 个	盐 适量
午餐肉 2 片	海苔丝 少许

做法

1 各种配菜洗净，香菇、西葫芦切片，洋葱、红椒、午餐肉切丝备用。

2 菠菜洗净、切段。

3 锅中倒油烧热，下入各种蔬菜炒熟，根据个人口味添加适量盐。

4 石锅中刷一层香油，将米饭压入石锅中，均匀铺上蔬菜，小火加热至底部结一层锅巴。

5 准备好韩式辣酱、熟白芝麻、午餐肉。

6 另取一锅，刷一层薄油烧热，单面煎一个鸡蛋，置于菜上，撒适量熟白芝麻、海苔丝提香。

小贴士

① 拌饭中的配菜可按喜好随意搭配，宜荤宜素。
② 如果没有石锅，可以用砂锅代替。

番茄火腿烩魔芋米饭

简单快手又好吃的番茄火腿烩魔芋米饭，让爱美的你健康减脂、不节食。

用料

魔芋米 1 包	生抽 10 毫升
番茄 1 个	蚝油 5 毫升
火腿肠 1/2 根	食用油 适量
小葱 1 小段	

🕐 10 分钟　　△ 炒
☆ 简单　　　◎ 365 千卡
✓ 低胆固醇 | 低糖

做法

1 魔芋米过清水冲洗几遍。

2 番茄洗净、切滚刀块，火腿肠切片，葱白切葱花，葱绿切碎备用。

3 锅中热油，下入葱花和番茄煸炒出汁。

4 倒入魔芋米翻炒均匀。

5 再加入火腿肠、生抽和蚝油。

6 翻炒均匀后加盖焖2分钟至汤汁浓郁，装盘后撒葱绿提香。

小贴士

魔芋米可以用米饭代替，味道一样好。

花样蛋包饭

蛋包饭之所以受欢迎，最重要的就是它超高的颜值。食材丰富、色彩鲜艳、造型百变，可以发挥你的想象力任意搭配，一定会给你的餐桌带来好多欢乐和惊喜。

用料

米饭 1 碗	火腿 50 克
鸡蛋 1 个	黄瓜 1 根
胡萝卜 50 克	食用油 适量
毛豆仁 50 克	生抽 15 毫升
甜玉米粒 50 克	鸡精 2 克

🕐 20 分钟　　🍳 炒、煎
☆ 简单　　◎ 474 千卡
✓ 富含维生素 E

做法

1 胡萝卜洗净、去皮，和火腿都切成小丁。

2 黄瓜洗净、刮成薄片。

3 鸡蛋磕入碗中，打散成蛋液。

4 锅中热油，下入时蔬和火腿翻炒均匀。

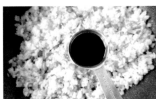

5 放入米饭，加鸡精、生抽翻炒均匀。

6 平底锅中刷一层薄油，烧热后将蛋液倒入锅中，晃动锅子，摊成蛋皮。

7 将蛋皮取出铺平，将炒好的米饭铺在蛋皮上。

8 将包好的蛋包饭收口向下，用黄瓜装饰成丝带，可以用胡萝卜和火腿切花片点缀。

小贴士

觉得不好造型的话可以直接将蛋皮对折，包裹炒好的米饭即可。

番茄鸡蛋炒"饭"

⏱ 10分钟　△ 炒
☆ 简单　◎ 292千卡
✔ 低饱和脂肪｜低糖

以假乱真的番茄鸡蛋炒"饭"，简单又好吃，吃饭而不见米，让想吃主食的你再不用担心长胖啦！

用料

菜花 200 克	食用油 适量
番茄 1 个	生抽 15 毫升
鸡蛋 1 个	小葱粒 少许

做法

1 菜花切下顶部小花部分，切碎备用。

2 鸡蛋磕入碗中，打散成蛋液。

3 番茄去皮、切小块。

4 锅中倒油烧热后放入菜花炒香。

5 淋入蛋液，迅速和菜花一起翻炒均匀，盛出备用。

6 将番茄入锅，炒成番茄酱，再将菜花放进去翻炒。

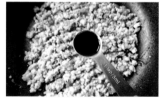

7 加入生抽翻炒均匀。

8 装盘后撒小葱粒装饰。

小贴士

❶ 加了番茄的炒"饭"口感酸甜开胃。

❷ 菜花茎的部分可以另做别的菜，不要浪费。

藜麦炒饭

- ⏱ 40 分钟
- ⌂ 蒸、焯、炒
- ☆ 简单
- 🔥 1133 千卡
- ✔ 低饱和脂肪 | 低胆固醇

藜麦炒饭营养美味，散发着淡淡的坚果香，
搭配各种蔬菜、肉类，口感特别丰富。

用料

白藜麦 50 克	胡萝卜丁 60 克
大米 150 克	鲜虾 10 只
甜玉米粒 60 克	橄榄油 20 毫升
豌豆 60 克	盐 适量

做法

1 将白藜麦和大米按1∶3的比例
混合，洗净。

2 上锅隔水蒸35分钟，蒸熟（也
可用电饭煲），打散放凉。

3 鲜虾剥壳、去虾线，豌豆、胡
萝卜丁、甜玉米粒入开水焯熟。

4 锅中倒橄榄油烧热，放入虾仁
和蔬菜翻炒至虾仁变色。

5 加入蒸熟的藜麦米饭翻炒均匀，

6 加盐炒匀。

小贴士

藜麦具有丰富、全面的营养价值，是完美的"全营养食物"，是全
球十大健康营养食品之一。藜麦富含多种氨基酸，其中有人体必需
的全部九种必需氨基酸，比例适当且易于吸收，尤其富含植物中缺
乏的赖氨酸。藜麦膳食纤维含量高，胆固醇为零，不含麸质，低脂、
低热量。

海苔拌饭

- 🕐 10分钟 | ◠ 炒
- ☆ 简单 | ◎ 516千卡
- ✔ 低脂

有剩米饭的都快去做这个海苔拌饭，太好吃了，越嚼越香，和韩式烤肉店里的一个味。

用料

隔夜米饭 1碗	白芝麻 适量
鸡蛋 2个	食用油 适量
午餐肉 2片	生抽 2勺
海苔 3片	蚝油 1勺
小葱粒 少许	零卡糖 少许

做法

1 鸡蛋磕入碗中，打散成蛋液。

2 午餐肉切成1厘米左右见方的小块。

3 海苔撮碎，加入适量白芝麻。

4 锅中倒油，烧至七成热时将蛋液迅速划散，炒成蛋碎，盛出。

5 锅中留底油，放入午餐肉块煎至金黄，盛出备用。

6 不用换锅，转小火，加入白芝麻、海苔碎，翻炒至海苔变脆，关火。可以不马上出锅，等海苔在锅里再烘一下口感更脆。

7 锅中倒少许油，放隔夜米饭、鸡蛋碎、午餐肉和芝麻海苔碎，加生抽、蚝油、零卡糖炒匀。

8 出锅前可以撒点儿小葱粒。

小贴士

芝麻海苔碎放凉后装进密封罐，包三明治、卷饼、煮粥、做杂粮饭、做沙拉时都可以放一点儿进去提味。

荞麦凉面

⏱ 10 分钟　　🍲 煮、拌
☆ 简单　　◎ 377 千卡
✔ 低糖 | 低盐

天热没胃口时吃碗荞麦凉面最适合不过啦，搭配低卡低脂的配菜，好吃还不胖，很适合减脂期吃哦！

用料

荞麦龙须面 60 克	蟹柳 1 根
黄瓜 1/2 根	香菜 1 根
胡萝卜 1/2 根	柠檬沙拉汁（或
鸡蛋 1 个	油醋汁）3 勺

做法

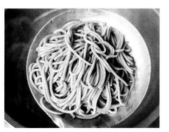

小贴士

可以根据个人口味加点儿辣椒。

1　黄瓜、胡萝卜刮少许薄片，其余切丝。鸡蛋打散成蛋液，摊成蛋皮，切丝。香菜切小段。蟹柳撕成条。

2　锅中水煮至微开，下入荞麦龙须面，煮熟后捞出，过凉水备用。

3　将煮好的荞麦面放入大碗中，加入配菜和柠檬沙拉汁拌匀。

4　拌好的荞麦凉面卷成卷后装盘。

朝鲜冷面

⏱ 40分钟　　🍲 煮
☆ 简单　　　🔥 919 千卡
✓ 低饱和脂肪

很多人都特别爱吃朝鲜冷面，还得是带冰碴儿的那种。细滑的面，酸甜的汤，佐以经典牛肉汤、爽口的辣白菜、入味的牛肉片、白润细腻的水煮蛋，一口爽进心里。炎炎夏日吃上这样一碗冰凉爽滑的朝鲜冷面，真是又开胃又消暑，只需一口就上头。

用料

干冷面 150 克	黄瓜 1 根	鲜味酱油 2 勺	雪碧 适量	冰块 适量
熟牛肉 1 块	煮鸡蛋 1 个	零卡糖 3 勺	盐 适量	纯净水 适量
牛肉汤（或矿泉水）1 大碗	辣白菜 适量	苹果醋 3 勺	熟白芝麻 少许	
梨 1 个	番茄 1 个	韩式辣酱 1 勺		

做法

1 干冷面用纯净水浸泡20分钟，用手搓散。

2 熟牛肉、番茄切片，黄瓜、辣白菜切丝备用。

3 梨切片后倒入少许热水，盖过梨片静置片刻，让梨汁充分散发出来。

4 在冷却的梨水里加鲜味酱油、苹果醋、盐和零卡糖，调成冷面汁。

5 根据个人口味加入适量雪碧、牛肉汤（或矿泉水）稀释成一大碗冷面汤，在冰箱里冷藏。

6 锅中水煮开后下入泡好的冷面，边煮边用筷子把冷面搅散。煮至冷面变得透明后捞出，放入加有冰块的水中。

7 将冷面控干，装入碗中。摆上番茄片、黄瓜丝、牛肉片、辣白菜、韩式辣酱和煮鸡蛋。

8 淋上调好的冰镇冷面汤，放入几颗冰块，撒上熟白芝麻。

小贴士

① 做好的冷面汤要在冰箱里冷藏一夜，待所有味道慢慢融合在一起，拿出来吃味道才是最好的。汤汁可以一次性做一大瓶，放在冰箱里储存，想吃的时候随时拿出来。

② 苹果醋和零卡糖可以是1:1的比例，比例不能悬殊，要不然就不好吃了。

③ 稀释过后的冷面汤如果口味偏淡，可以再次调入糖和苹果醋，酱油切记不要再放了，如果觉得不够咸可以稍微撒一点儿盐。

④ 千万别把冷面煮得时间过长，那样口感不好还容易断。

芝麻酱荞麦面皮

- ⏱ 10分钟　△ 煮、拌
- ☆ 简单　　 ◎ 716千卡
- ✔ 高钙

真的想把芝麻酱荞麦面皮推荐给所有减肥的朋友。吃了一口就停不下来了，加了红油辣椒味道更绝。

用料

荞麦面皮饼 2 块	芝麻酱 100 克
香辣花生米 50 克	生抽 2 勺
黄瓜 1 根	清香米醋 1 勺
香菜 1 根	白芝麻 少许

做法

1 荞麦面皮饼用开水泡开。

2 黄瓜切丝，香菜切小段。

3 将芝麻酱、生抽、清香米醋、白芝麻搅拌均匀，调成料汁。

4 荞麦面皮沥水，浇入料汁拌匀，摆上黄瓜、香菜、花生米，可根据个人口味加辣椒酱。

小贴士

① 如果芝麻酱很干，可以先加入适量凉白开搅拌均匀。
② 料汁中可以根据个人口味加入适量盐。
③ 泡好的荞麦面皮过一下凉开水，口感更好。

番茄意面配蒜香牛肉粒

带有浓郁黑椒香的牛肉，入口后又有迷人的蒜香，让人口舌生津，一口又一口地享受这佳肴带来的美好时光。

用料

谷饲雪花牛排 1 块	黑椒牛排酱 15 克
意大利面 100 克	海盐黑胡椒 1 克
番茄 1 个	罗勒碎 少许
蒜 1 头	盐 少许
橄榄油 30 毫升	

⏱ 30 分钟　🍲 煮、煎、炒
☆ 简单　🔥 617 千卡
✔ 低胆固醇 | 低盐

做法

1 将解冻好的牛排用厨房纸吸干表面的血水，切成2厘米见方的块，蒜去皮。

2 将牛肉加海盐黑胡椒和黑椒牛排酱抓拌均匀，腌制15分钟。

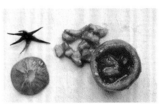

3 番茄洗净，切去上盖，挖出番茄肉备用。

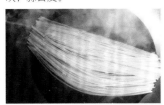

4 意大利面放入开水中煮8～10分钟，煮好后捞出。

5 锅中加入橄榄油，将蒜瓣中小火煎至表面金黄后盛出，再盛出一部分蒜油备用。

6 将腌好的牛肉大火翻炒至变色，加入煎好的蒜瓣大火翻炒均匀。

7 另取一锅，加入蒜油，放入番茄肉，加盐炒成番茄酱。

8 放入煮好的意大利面翻炒均匀，装盘后撒罗勒碎增香。

小贴士

❶ 冷冻的牛排连同包装袋一起放在冰箱冷藏室中慢慢解冻，一般需放置12～24小时。虽然此方法需要的时间较长，但是肉汁流失比较少。

❷ 橄榄油更能激发出牛肉本身特有的香味。

香菇鸡蛋炸酱面

🕐 20分钟　　△ 炒、煮
☆ 简单　　　◎ 1526 千卡
✓ 营养均衡

香菇炸酱不管是下饭吃还是用来当面条的浇头，都非常鲜美，备一些搁在冰箱里，不想烧菜时拿它拌个面，拌个饭，都相当舒坦。

用料

豆瓣酱 2 勺	鸡蛋 3 个	胡萝卜 1/2 根	葱白 1 段
甜面酱 3 勺	鲜面条 200 克	莴笋 1/2 根	
香菇 5 个	花生米 30 克	食用油 30 毫升	

做法

1 莴笋、胡萝卜去皮、切丝。

2 香菇洗净、切小丁, 葱白切葱花备用。

3 热锅凉油放入花生米, 不停晃锅, 小火炒至外皮开裂, 沥油, 放凉后去皮、捣碎。

4 锅中留底油, 烧至七成热, 倒入打散的蛋液, 用筷子快速划散炒成鸡蛋碎, 盛出。

5 锅底留适量油, 放入一半葱花炒出香味, 加甜面酱、豆瓣酱混合均匀, 炒香后加入香菇炒匀。

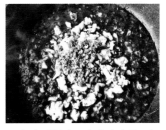

6 加入适量水, 中小火煮开, 加入鸡蛋碎和花生碎翻炒均匀。

7 离火加入另一半葱花, 利用余温将葱花闷熟, 香菇鸡蛋炸酱就做好了。

8 另取一锅煮面。将煮好的面条过凉开水, 盛入碗中, 摆上菜码, 拌上香菇鸡蛋炸酱, 可撒少许小葱圈装饰。

小贴士

① 煮面的水要多一些, 放少许盐, 这样面煮的时候不会粘在一起。

② 面不要煮得太烂, 点三次水就可以了, 有一点点生, 有咬劲最好吃。面条煮好后用凉白开冲掉面糊, 这样才爽滑好吃。

海鲜魔芋乌冬面

🕐 10 分钟　　⌂ 煮
☆ 简单　　◎ 262 千卡
✔ 富含蛋白质 | 低糖

海鲜魔芋乌冬面味道鲜美、营养丰富，简单调个汤底，真是健康又快手。

用料

魔芋乌冬面 1 袋　　　海苔丝 少许
鲜虾 3 只　　　　　　木鱼花 1 小把
鱼丸 2 个　　　　　　昆布酱油 2 勺
西蓝花 2 朵

做法

1 锅中水煮开，下入魔芋乌冬面煮3分钟。

2 放入鲜虾、鱼丸和西蓝花，烫至断生后一起捞出。

3 另取一锅，将水煮沸，加昆布酱油、木鱼花调个汤底。

4 将汤底倒入碗中，盛入魔芋乌冬面，摆上虾、鱼丸和配菜，撒海苔丝。

小贴士

① 海鲜可以根据个人喜好随意搭配。
② 魔芋乌冬面热量低，饱腹感强。

轻汤饮

山药玉米排骨汤

⏱ 60分钟　◠ 炒、焯、煮

☆ 简单　◎ 800千卡

✔ 低饱和脂肪 | 富含铁

汤浓味美的山药玉米排骨汤，养生就喝它，山药粉糯、胡萝卜清甜、玉米嫩嫩的，太好喝啦。

用料

肋排 2 根	胡萝卜 1 段	姜 1 块	料酒 1 勺
玉米 1 根	红枣 7 颗	小葱 1 根	盐 适量
山药 1 根	葱白 1 段	食用油 适量	

做法

1　肋排切小段，洗净，冷水浸泡半小时。

2　山药去皮、切滚刀块，玉米切段，胡萝卜切花片。

3　姜切片，小葱葱白切段，葱绿切葱花。

4　锅中倒水，放葱白和3片姜，排骨冷水下锅，加料酒焯3~5分钟，捞出洗净。

5　砂锅中倒入适量油，下小葱段和姜片爆香。

6　下入排骨翻炒片刻。

7　加入足量的热水或把焯排骨的汤过滤后加入，大火煮开后转小火，加盖煮30分钟。

8　加入玉米和红枣，中小火煮20分钟。

9　最后下山药和胡萝卜煮熟。

10　出锅前加盐调味，上桌后撒上葱花。

小贴士

❶ 山药中含有一种黏蛋白，能够保护人体的心脑血管，并且减少血栓的形成，从而达到降血脂的作用。

❷ 玉米中含有丰富的卵磷脂，能够提高大脑的记忆力，从而延缓衰老。

❸ 排骨中富含肌氨酸，能够为机体提供能量，增强体力。

莲藕脊骨汤

🕐 90 分钟　　🍲 焯、煮
☆ 简单　　◎ 820 千卡
✔ 低脂 | 富含铁 | 低胆固醇

莲藕脊骨汤是一道大家经常做的家常养生汤，营养丰富、口感清爽，能清热解毒、滋补身体。

用料

莲藕 1 节	葱白 1 段
脊骨 3 块	盐 适量
枸杞子 7 个	温水 适量
姜 1 块	米醋 少许

做法

1　葱白切小段，姜切片。

2　莲藕洗净、去皮，切滚刀块，过几遍水洗去淀粉。

3　把洗净的脊骨焯水，焯至脊骨表面变白后捞出。

4　放入砂锅，加温水和少许米醋煮开，转小火煨炖。

5　加入莲藕、葱白、姜、枸杞子和足量的水，先大火煮开再转中小火，加盖煮 1~1.5 小时。

6　起锅前放盐，盛出后可撒小葱圈装饰。

小贴士

❶ 醋能使骨头里的磷、钙溶解到汤内，这样煲出的汤不仅味道更鲜美，而且更有利于人体吸收。

❷ 熬制骨头汤时，中途不要往锅中加冷水，这样不仅影响汤中的营养，而且也影响汤味的鲜香程度。

❸ 不要过早放盐，否则会加快蛋白质的凝固，肉质发死，影响汤的鲜美。

泡菜五花肉豆腐汤

🕐 30分钟　　🍳 炒、煮
☆ 简单　　　⊙ 1252千卡
✓ 低胆固醇 | 低糖

一道非常简单的开胃暖汤，天冷了吃这种
汤汤水水的暖锅，真是太满足了。

用料

去皮五花肉 100 克　　　青椒 1 个

老豆腐 1 块　　　　　　洋葱 1/4 个

韩式泡菜 150 克　　　　鱼露 2 勺

韩式辣酱 2 勺　　　　　零卡糖 适量

蒜 3 瓣　　　　　　　　食用油 适量

葱白 1 段

做法

1 洋葱切条，葱白、青椒斜刀切
段，蒜去皮、切成蒜末。

2 老豆腐切片。

3 五花肉切薄片。

4 锅中倒少许油，下入五花肉片，
小火煎至表面微焦，煎出多余油
脂后盛出。

5 不用换锅，加入洋葱、蒜末和
一部分葱白煸炒。

6 加入煸好的五花肉和韩式泡菜
继续煸炒。

7 加入韩式辣酱、零卡糖和鱼露
翻炒匀。

8 加入清水煮开，再将豆腐下锅煮
15分钟，最后加入青椒和剩余葱白。

小贴士

鱼露可用鲜味酱油和糖代替。

金汤鲜虾豆腐

天气冷的时候特别想吃暖锅，温暖、治愈，做起来简单，吃起来满足。滑嫩的豆腐、鲜嫩的虾仁、甜糯的南瓜，组合在一起味道十分鲜美，最主要的是碗都能少刷一个。

用料

贝贝南瓜 1 个　　　　　料酒 1 勺
内酯豆腐 1 盒　　　　　盐、鸡精 适量
鲜虾 10 只　　　　　　食用油 适量
豌豆 60 克　　　　　　水淀粉 少许

⏱ 30 分钟　　🍲 蒸、炒、煮
☆ 简单　　　🔥 1007 千卡
🚫 0 胆固醇　　低饱和脂肪

做法

1　贝贝南瓜洗净，用刀切下顶盖。

2　南瓜去瓤，挖出一部分肉放在盘中，做成碗状，上锅隔水蒸 15～20 分钟。

3　将南瓜顶盖和南瓜碗稍放凉，将南瓜肉用勺子捣成泥。

4　内酯豆腐切小块。

5　鲜虾洗净，去头、虾线和壳，头留用。加料酒抓匀，腌制去腥。

6　锅中倒油烧热，虾头炒出虾油后加水煮出鲜味，拣出虾头。

7　将煮好的汤移入砂锅，加入南瓜泥、内酯豆腐、豌豆、虾仁，加盐和鸡精。

8　大火煮开后再煮10分钟。加水淀粉增加浓稠感。关火后盛入南瓜碗中。

小贴士

注意水淀粉宁少勿多，多了就成糊了。

蛤蜊冬瓜汤

🕐 20分钟　　△ 炒、煮
☆ 简单　　❀ 386 千卡
✔ 低热量 | 低脂 | 富含铁

清爽的汤最适合天气热时喝，这款汤超级
鲜美，冬瓜又清热解暑，而且做法超级
简单。

用料

蛤蜊 500 克　　　　香菜 1 根

冬瓜 500 克　　　　盐 适量

姜 3 片　　　　　　香油 2 毫升

小葱 1 根　　　　　食用油 15 毫升

做法

1　蛤蜊在盐水中浸泡吐沙后洗净。

2　小葱切段，香菜切小段备用。

3　冬瓜去皮、切片。

4　将蛤蜊冷水下锅，水开、蛤蜊开口后关火，把蛤蜊捞出。

5　蛤蜊汤过滤到大碗中。

6　锅中油烧热，下入葱、姜爆香，放入冬瓜翻炒。

7　加入蛤蜊汤，烧开后煮3分钟，加盐。

8　倒入蛤蜊，淋香油，起锅前撒上香菜段。

小贴士

冬瓜过一下油，做出来的汤更好喝。冬瓜易熟，所以烹煮时间不宜过久。

薏米山药鲫鱼汤

⏱ 50 分钟　　△ 煎、煮
☆ 简单　　　◎ 438 千卡
✓ 低饱和脂肪｜富含铁

鲫鱼肉质细嫩，富含蛋白质和矿物质。薏米、山药可以调理脾胃。这道薏米山药鲫鱼汤真可谓强强联手，和胃祛湿又健脾，守护你的健康。

用料

鲫鱼 2 条	小葱 2 根	料酒 1 勺
薏米 50 克	姜 3 片	盐、白胡椒粉 少许
山药 100 克	枸杞子 10 颗	食用油 适量

做法

1 鲫鱼去鳞、鳍和鳃，把腹部黑膜和血水洗净，刮除表面黏液，两面打一字花刀。

2 薏米洗净，浸泡2小时以上。枸杞子洗净、泡发。

3 小葱打葱结，取一部分切小葱圈。

4 山药去皮、切片。

5 起锅烧油，放入姜片煎出香味，放入鲫鱼煎至两面微黄。

6 加入开水、葱结、料酒和薏米，大火煮开，转中小火煮30分钟。

7 加入山药片和枸杞子再炖5~10分钟。

8 最后加盐和白胡椒粉，撒小葱圈，可加少许香菜提味。

小贴士

1 鱼可以让鱼贩帮忙处理干净。

2 煎鱼时锅里放一点儿盐，可以防止煎破鱼皮。下锅之后不要马上翻动，待一面完全定形后再煎另一面。

3 加入开水熬出来的鲫鱼汤才能够呈奶白色。

清汤鸡肉丸子

🕐 30分钟　△ 煮
☆ 简单　　◎ 633千卡
✓ 富含蛋白质 | 低脂 | 低糖

汤鲜味美不长胖是这道汤的重点，口感嫩
滑，丸子有弹性，一锅不够喝。

用料

鸡胸肉 500 克	小葱1根	盐、鸡精、白	蛋清1个
香菜1根	姜2片	胡椒粉 适量	香油 少许
高汤2碗			

小贴士

锅中多倒些水，水微开
时下丸子，丸子才能不
散不破。

做法

1 小葱切段，姜切丝。

2 香菜洗净，切小段。

3 葱、姜泡水，用力攥出葱姜汁。

4 鸡胸肉剔去筋膜，切成2厘米左右见方的块，放入绞肉机中，加葱姜水。

5 加入适量盐、鸡精、白胡椒粉打成细腻的肉泥。

6 将肉泥盛出，加入蛋清，沿一个方向搅打上劲。

7 锅中多倒些水，煮至微微起泡（切记不要煮沸）。

8 用勺子将肉泥挖成小球入锅。

9 水微开状态将所有丸子煮至浮起。

10 煮熟的丸子捞出过凉水。

11 另取一砂锅，加入高汤煮沸，放入丸子。

12 加盐、鸡精，淋入香油，再次煮沸后关火，撒香菜段。

137

菌菇土鸡汤

🕐 40 分钟　　⌂ 煮
☆ 简单　　✿ 1235 千卡
✓ 低脂｜富含膳食纤维

特别滋补养生的菌菇土鸡汤，鸡汤没有腥味，而且菌香浓郁，赶紧试做一下吧。

用料

三黄土鸡 1 只	姬松茸 3 个
姜 1 块	红枣 4 颗
小葱 1 根	枸杞子 7 颗
金针菇 1 小把	料酒 1 勺
虫草花 1 小把	盐 适量
茶树菇 1 小把	

做法

1　姜切片，小葱打结。各种菌菇洗净、浸泡。

2　将处理干净的鸡凉水下锅，加姜片、葱结、料酒，焯水后捞出。

3　焯好的鸡转入砂锅中，加入虫草花以外的各种菌菇。泡发菌菇的水过滤后倒入砂锅中。

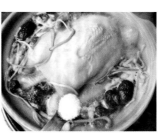

4　大火煮开后加红枣、枸杞子和虫草花，加盖小火焖30分钟。起锅前加盐，可用小葱粒点缀。

小贴士

将处理干净的鸡凉水下锅，加姜片、葱结和料酒能更好地去腥增香。

三鲜菌菇汤

菌菇汤具有多重营养，是冬季养生暖胃必备菜式。这道三鲜菌菇汤做法非常简单，5分钟就能搞定。汤浓鲜美的三鲜菌菇汤，好喝不长胖，赶紧学做起来吧。

用料

鲜虾 100 克	午餐肉 2 片
姬松茸 3 个	鸡蛋 1 个
香菇 2 个	木耳 7 朵
海鲜菇、白玉菇各 50 克	小葱末 5 克
金针菇 1 小把	高汤 1 大碗

小贴士

菌菇焯一下水去除草酸。

🕐 25分钟　　⌒ 焯、煮
☆ 简单　　　❀ 484 千卡
✔ 低饱和脂肪 | 低盐 | 富含铁

做法

1 鲜虾去头尾、去壳，剥出虾仁，开背去虾线。

2 姬松茸、木耳泡发后洗净。

3 其他菌菇洗净、控水。

4 鸡蛋打散成蛋液，锅中刷一层薄油，烧热后淋入蛋液，晃动锅子，摊成蛋皮。

5 锅中水煮开，放入海鲜菇、白玉菇、金针菇焯1分钟后捞出沥水。

6 香菇切片，午餐肉切条，蛋皮切条。在高汤中放入以上所有食材，大火煮3分钟，起锅前撒小葱末。

豆腐丸子青菜汤

大鱼大肉后，青菜汤是最好的选择，随手捏几个豆腐丸子，简单又方便。这一清二白的汤水，营养和味道刚刚好。

○ 30分钟　　☆ 炸、煮
☆ 简单　　◎ 1128 千卡
✔ 低糖

用料

五花肉馅 150 克	盐、鸡精 适量
北豆腐 100 克	香油 5 克
鸡蛋 1 个	青菜 3 ~ 5 棵
葱姜末 适量	高汤（或清水）适量
十三香粉 2 克	食用油 适量
鲜味酱油 15 毫升	

做法

1 豆腐用蒜臼捣碎。

2 在五花肉馅中加入葱姜末、鲜味酱油、十三香粉、盐、鸡精、香油和鸡蛋。

3 顺一个方向搅拌上劲，筷子立在肉馅中不倒。

4 在肉馅中加入豆腐碎，继续顺一个方向搅拌均匀（可根据个人喜好添加适量玉米淀粉）。

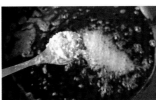

5 锅中倒油，烧至五成热，用勺子蘸一下水，挖出丸子入锅。

6 中小火炸至丸子外表挺实、金黄后捞出沥油。

7 另取一砂锅，加入适量高汤，加入炸好的豆腐丸子，煮开。

8 下入洗净的青菜，煮至断生，起锅前根据个人口味添加适量的鸡精。

小贴士

有空时可以多做一些豆腐丸子，以后做烩菜、焦熘丸子都方便。

时蔬豆腐汤

手工作坊做的豆腐，紧实细腻，或炒或炖，味道都很棒。配上新鲜的时蔬煮成汤，营养丰富，味道鲜美。

⏱ 20分钟　🍳 炒、煮
☆ 简单　🔥 906千卡
✓ 富含铁 | 低饱和脂肪

用料

番茄 1 个	香菜 1 根
木耳 10 朵	鲜味酱油 1 勺
午餐肉 2 片	蚝油 1 勺
蟹味菇、海鲜菇各 100 克	高汤 1 大碗
胡萝卜 1 节	食用油 适量
豆腐 1 块	香油 1 小勺
鸡蛋 1 个	盐 适量

做法

1 木耳泡发、洗净。

2 午餐肉切丝，豆腐切小块，胡萝卜切小丁，番茄切块，香菜切末。

3 锅中倒适量油，烧热后下入番茄煸炒出汁。

4 加入木耳、菌菇、胡萝卜、午餐肉炒香。

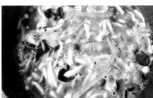

5 加入高汤大火煮开。

6 下入豆腐，调入鲜味酱油和蚝油。

7 再次煮开后淋入打散的蛋液。淋香油，加盐。

8 出锅后撒香菜末。

小贴士

如果没有高汤，可以用清水代替。

141

韩式大酱汤

喜欢韩式大酱汤，因为它食材丰富、营养均衡。多食大酱，还能促进消化。

用料

五花肉 6 片	黄豆芽 适量
花蛤 20 只	尖椒 适量
豆腐 100 克	洋葱 适量
西葫芦 100 克	蒜 2 瓣
土豆 100 克	大酱 3 勺
金针菇 适量	韩式辣酱 2 勺

⏱ 20 分钟　　⌂ 焯、炒、煮
☆ 简单　　◎ 662 千卡
✓ 低胆固醇

做法

1 西葫芦洗净、切圆片，土豆去皮、切丁，洋葱切丝，尖椒切段，蒜切末，豆腐切小块。

2 将豆腐放进淡盐水中浸泡15分钟。

3 锅中水煮开后将花蛤焯至开口，立刻捞出。焯花蛤的汤过滤后备用。

4 锅里放少许油，油热后将五花肉片炒变色后加入洋葱丝爆香。洋葱变软后一起盛出。

5 把花蛤汤大火煮开后转中火，加入大酱，再次煮开。

6 加入豆腐、土豆、黄豆芽。

7 汤再次煮开后下入西葫芦、金针菇、花蛤、五花肉和洋葱。

8 加入韩式辣酱、尖椒和蒜末，中小火煮几分钟后关火。

小贴士

❶ 花蛤买回来后放在水中静置最少半天，这样杂质吐得更干净。

❷ 五花肉一定要炒老一些，不然煮后会觉得腻。

海参小米粥

⏱ 30 分钟　　△ 焯、煮
☆ 简单　　◎ 1028 千卡

✔ 富含维生素 E | 富含蛋白质

一碗海参小米粥，看似平常、简单，内中
却大有乾坤，可以补充一天的营养。吃一
口，香浓、滑润、清爽。

用料

小米 200 克	枸杞子 少许
海参 4 个	料酒 1 勺
菜心 4 棵	高汤 1 大碗
姜 1 块	盐 适量
大葱 1 段	

做法

1　海参泡发，去内脏，清理干净
内壁上附着的筋。

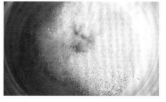

2　小米清洗两遍，用清水浸泡。

3　姜一部分切片，一部分切细丝，
大葱切两段备用。

4　锅中水煮沸，放入洗净的菜心
焯至断生后捞出沥水。

5　另起一锅，水煮沸后加入葱段、
姜片，下入泡发的海参，加料酒
焯两三分钟后捞出。

6　砂锅中下入泡好的小米，加入
高汤，大火煮开后加入姜丝。

7　加盖，小火焖煮20分钟后加入
枸杞子和盐。

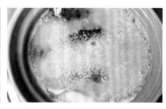

8　放入焯好的海参，大火煮2分钟
后关火，盛出后放菜心和枸杞子。

小贴士

❶ 海参可以切片，也可以整
个放入。

❷ 海参小米粥能够提供人体
所需氨基酸，能帮助调节
免疫力、增强体质。

滋补银耳莲子羹

寒气正深处，方见暖意浓。这道银耳莲子羹温和滋补，驱寒养胃，寒冬喝一碗正当时。

用料

免泡发银耳 6 克	枸杞子 12 颗
莲子 20 颗	冰糖 10 克
若羌灰枣 4 颗	水 适量

⏱ 30 分钟　🍲 煮
☆ 简单　◎ 182 干卡
✓ 低热量 | 低糖 | 0 胆固醇

小贴士

冰糖的量可以根据个人口味添加。

做法

1 枣去核，切成枣圈。

2 莲子、枸杞子洗净、泡发。

3 将枣圈和莲子、枸杞子放入砂锅中。

4 加入免泡发的银耳和适量水，大火煮开后转中小火。

5 继续煮15分钟至胶质浓稠，加冰糖，继续小火煮两三分钟至冰糖化开。

6 盛出即可。

杂粮米糊

○ 20分钟　⌒ 煮、搅拌
☆ 简单　　☼ 162千卡
✔ 低热量 | 低脂 | 低糖

现在人们饮食追求天然、健康，粗粮、杂粮受到了更多关注。把杂粮搭配各种坚果打成米糊，不仅味道好，而且比煮粥还方便，食材研磨成浆后也更利于人体吸收。

用料

谷物杂粮30克

红枣3颗

饮用水 适量

做法

1 红枣洗净，去核后切成片。

2 将谷物杂粮放入搅拌杯中，加入枣片。

小贴士

可以根据个人口味添加核桃、芝麻、枸杞子等。

3 倒入适量水，不要超过杯内的最大水位线。

4 打成米糊。

酸梅汤

气温飙升，身上不免有些倦意。有什么饮料可以又解渴又消暑又提神呢？试试这道生津解渴的酸梅汤吧。

用料

乌梅 50 克	桑葚 10 克
山楂 20 克	桂花 5 克
洛神花 10 克	冰糖 100 克
甘草 3 克	饮用水 4 升
陈皮 30 克	

🕐 50 分钟　　🍲 煮
☆ 简单　　　　🔥 303 千卡
✔ 低热量 | 低脂

小贴士

全部食材可从药店购入。

做法

1 将桂花、冰糖、饮用水外的所有食材用清水洗一遍。

2 放入纱布袋，这样煮出来的酸梅汤不用过滤。

3 将袋子放入锅内，加入饮用水，浸泡1小时。

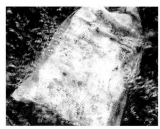

4 大火煮开。

5 加盖，转小火继续煮40分钟。

6 快出锅时放入冰糖和桂花。

菠萝喳喳

- ⏱ 30分钟　　△ 榨
- ☆ 简单　　☼ 122千卡
- ✓ 低脂

这一杯夏日冷饮菠萝喳喳，颜色刚刚好，味道刚刚好，酸酸甜甜，好似爱情的味道，你心动了吗？

用料

菠萝 200 克	薄荷叶 适量
无糖雪碧 适量	冰块 适量

做法

1　将菠萝切块，可以在盐水中浸泡几分钟，留一块作装饰。

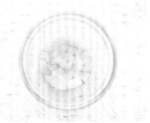

2　把泡好的菠萝放入杯中，碾压出果汁。

3　杯中放入冰块，倒入无糖雪碧。

4　加菠萝块和薄荷叶装饰。

小贴士

❶ 菠萝蛋白酶等物质对皮肤以及口腔黏膜都有一定刺激性，淡盐水可以抑制菠萝蛋白酶的活力，还能使一部分有机酸分解，使菠萝的味道显得更甜。

❷ 根据个人口味还可以萃取一杯咖啡液，倒入饮料中。

梅子绿茶

🕐 5分钟　　⌂ 泡
☆ 简单　　🔆 4千卡
✔ 低脂

高温天气，把泡好的梅子绿茶放入冰箱冷藏后拿出来饮用，会感觉特别清爽，去火、生津，还能有效防止中暑。

用料

话梅2颗	开水（88℃）300毫升
绿茶包1袋	零卡糖1克

做法

1 将绿茶包放入杯中，注入开水。水量刚能够把茶包浸湿即可，轻轻摇晃茶包后将水倒掉，洗茶。

2 在杯中放入话梅，放入洗好的茶包。

3 倒入开水，来回上下提拉茶包几次，静置3分钟。

4 根据个人口味加入零卡糖。将茶包取出，再浸泡片刻，等话梅泡发后即可饮用，放入冰箱冷藏后口感更好。

小贴士

❶ 泡绿茶，水温要在88℃左右为宜，水温一高，就会把茶汤泡出别的颜色，口感苦涩，香气沉闷。

❷ 梅子绿茶的味道好坏，话梅很关键。够酸够咸的话梅，泡出的梅子绿茶才够味。

薄荷西瓜清凉饮

碳酸饮料喝多了会流失钙质，而且还会长胖。一口就能击退所有燥热的薄荷西瓜清凉饮才和夏天更配，快来享受这无与伦比的爽快吧。

用料

西瓜 1/2 个 ｜ 碎冰 适量
薄荷叶 3 ~ 5 片 ｜ 饮用水 适量

小贴士

薄荷里含有薄荷醇等因子，会让皮肤产生清凉的感觉，具有消炎镇痛、止痒解毒和疏散风热等作用。饮用含有薄荷成分的饮料能兴奋大脑，促进血液循环和新陈代谢。

🕐 5分钟　　⌂ 榨
☆ 简单　　❄ 235 千卡
✔ 低热量 ｜ 低脂

做法

1　将一部分西瓜肉挖成小球。

2　剩下的西瓜挖出瓜瓤，去籽。

3　将去籽的西瓜肉放入搅拌杯中，加几片薄荷叶。

4　加水打汁后倒入杯中。

5　在果汁里加点碎冰。

6　再放入西瓜球，插一片薄荷叶装饰。

蔓越莓冰爽
柠檬水

夏日气温高，出汗多，人体水分流失快，一定要多补水才行。这款自制低卡解暑饮料，只需要把蔓越莓冰和苏打水（或任何你喜欢的饮料、酸奶）倒在一起就好啦，简单吧，天热的时候来上一口，那感觉真是太奇妙了。

⏱ 5分钟　　⛏ 榨
☆ 简单　　⚙ 126千卡
✓ 低脂 ┃ 低热量

用料

蔓越莓 100 克	柠檬 2 片
苏打水 适量	

做法

1　将蔓越莓洗净。

2　将蔓越莓放入榨汁杯中，加苏打水，打一杯细腻的鲜果汁。

3　将果汁倒入硅胶模具中，放入冰箱冷冻4小时以上。

4　另取一玻璃杯，倒入苏打水，放柠檬片，加入冰冻好的蔓越莓冰，可加小叶子装饰。

小贴士

① 自己喜欢哪种水果就用哪种水果榨汁，但要注意先将果肉切小块，再榨汁。
② 根据个人口味加入苏打水或者任何喜欢的饮料、酸奶。

柠檬薏米水

🕐 90 分钟　🍲 煮
☆ 简单　　☼ 132 千卡
✓ 低热量 | 低脂

柠檬薏米水祛湿又美白，好喝又养生。坚持喝下来，体内湿气减少了，保证皮肤从内而外光彩照人。

用料

薏米 150 克　　　黄冰糖 50 克
清水 适量　　　　蜂蜜 适量
柠檬 1 个

做法

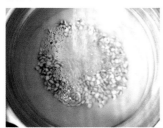

1　将薏米洗净，加水浸泡3个小时。

2　把浸泡薏米的水倒掉，再加清水，大火煮开后转小火，加盖煮1.5小时。

3　关火后加入黄冰糖。

4　冷却后切几片柠檬放入薏米水中，根据个人口味加蜂蜜。

小贴士

❶ 购买薏米时应该选择质地硬、有光泽、颗粒饱满、呈白色或黄白色的。生薏米相对寒凉，可以将薏米稍微炒熟。煮柠檬薏米水时，可以生熟各半，减低寒性，同时具祛湿排毒和健脾益胃功效。

❷ 选购柠檬时，应挑选色泽鲜润，果质坚挺不萎蔫，表面干净没有斑点及无褐色斑块，有浓郁香味的。

❸ 黄冰糖未经过严格脱色加工处理，相对白色冰糖来说，营养更丰富。

❹ 柠檬不要加到锅内一起煮，高温会破坏柠檬的维生素，柠檬皮还会煮出苦涩味。

生椰拿铁

🕐 5分钟　　⌂ 泡
☆ 简单　　⊛ 122 千卡
✔ 低糖

烈日炎炎，有谁能抵挡得住一杯冰爽饮品的诱惑？想要喝冰爽的饮品，又不想长胖，不如自己动手做，控制糖分摄入，多喝一杯也没有负担。

用料

椰子气泡水 1 罐　　　黑咖啡 10 毫升

椰子水 1 罐　　　　　薄荷叶 2 片

低脂牛奶 1 盒

做法

1　将椰子水倒入冰格中，放入冰箱冷冻成冰块。

2　将椰子冰块放入杯中，倒入椰子气泡水。

3　倒入低脂牛奶，淋上黑咖啡。

4　在上面加薄荷叶装饰。

小贴士

冰块和椰子气泡水注意不要放得过满。

珍珠奶茶

⏱ 30 分钟　△ 煮
☆ 简单　⊗ 163 千卡
✔ 低热量｜低脂｜低糖

珍珠奶茶很多人都爱喝，但市面上的珍珠奶茶有些根本不含茶和奶，多喝会影响健康。其实自己煮珍珠奶茶一点儿都不难，而且口感细腻，清爽可口。

用料

锡兰红茶 1 包
牛奶 1 盒
纯净水 500 毫升

零卡糖 2 克
芒果珍珠 适量
炼乳 少许

做法

1 锅中水煮开，芒果珍珠入开水煮15分钟左右，捞出后入凉开水浸泡。

2 砂锅中放入纯净水，煮至90℃以上后放入锡兰红茶包，小火煮10～15分钟，待茶汤颜色呈红色后将茶包取出。

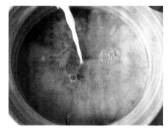

3 趁热加入零卡糖和炼乳。倒入牛奶，再煮一两分钟。

4 将芒果珍珠倒入杯底，加入刚煮好的奶茶。

小贴士

❶ 芒果珍珠的做法：150克芒果肉加50毫升水打成汁，倒入锅中大火煮沸。关火后加适量木薯淀粉搅匀，搓成芒果珍珠。

❷ 可以根据自己对茶浓度的要求来决定茶包冲煮时间。

❸ 煮奶茶一定要用纯牛奶才好喝，减肥期间可以用脱脂牛奶，口感可能会淡一些。

❹ 放凉后冷藏口感更佳，或者加一些冰块和蜂蜜。

牛油果香蕉奶昔

🕐 5分钟　　◎ 搅拌
☆ 简单　　　◎ 414 千卡
✔ 低饱和脂肪 | 低糖

牛油果经常代替黄油来做菜，是很多减脂餐的常用材料。这款牛油果香蕉奶昔比巧克力还丝滑，减肥的女孩必须拥有。

用料

牛油果 1 个　　　　　　酸奶 200 克
香蕉 1 个　　　　　　　蜂蜜 少许

做法

1　将香蕉切成片。

2　牛油果去皮，对半切开后果肉切小块。

3　将香蕉、牛油果放入果汁杯中。

4　倒入酸奶和少许蜂蜜，打成奶昔，可加薄荷叶装饰。

小贴士

❶ 如果觉得奶昔太过浓稠，可以加点儿温水。

❷ 牛油果是天然的抗氧化剂，不但能软化和滋润皮肤，还能有效抵御阳光照射，防止晒黑晒伤。

白桃乌龙茶
冻撞奶

清香的白桃乌龙茶做出的茶冻入口爽滑，放在冰凉的牛奶里，清凉解暑。入口之后比果冻更加香软，比慕斯更加爽口，这大概就是茶冻的魅力所在吧。

用料

蜜桃 1 个　　　　白凉粉 36 克
零卡糖 10 克　　　饮用水 900 毫升
白桃乌龙茶 1 包　　牛奶 1 盒

小贴士

可以根据个人喜好做出各种不同口味的水果茶冻。

🕐 15分钟　　🍳 煮
☆ 简单　　　🔥 171 千卡
✓ 低热量 | 低脂

做法

1 锅中加入饮用水煮开。当水温降至80～90℃时放入白桃乌龙茶包，浸泡10～15分钟。

2 将茶包取出，在茶汤中加入零卡糖。

3 将茶汤再次煮开，放入白凉粉，不断搅拌至白凉粉完全溶于茶汤，再次煮开。

4 将茶汤倒入容器中，放入切片的蜜桃，冷却2小时左右。

5 将冷却好的茶冻倒扣出来，切成小方块放入杯中。

6 倒满牛奶，放入冰箱冷藏。可加薄荷叶装饰。

木瓜银耳炖牛奶

一款低脂、低糖、高营养的木瓜银耳炖牛奶，作为控糖早餐、下午茶、消夜都可以，减脂的女孩可以放心吃，健康营养无负担。

用料

木瓜 1/2 个	枸杞子 7 颗
免洗银耳 8 克	牛奶 150 毫升
红枣 5 颗	黄冰糖 适量

🕐 20 分钟　△ 煮
☆ 简单　◎ 255 千卡
✔ 低脂 | 富含维生素 C | 低胆固醇

小贴士

牛奶要最后再加。

做法

1 枸杞子洗净、泡发。

2 木瓜切开，去皮、去籽，切小一点儿的滚刀块。

3 红枣洗净、切成枣圈。

4 将红枣、枸杞子和银耳放入砂锅中，加水，大火煮开后转中小火。

5 继续煮15分钟至浓稠，加入黄冰糖和木瓜。

6 待冰糖化开后加入牛奶搅拌均匀，盛出放凉，可加薄荷叶装饰。

轻甜点

烤牛奶

- 🕐 30分钟
- ⌂ 煮、烤
- ☆ 简单
- ◎ 399千卡
- ✔ 低脂 | 低糖

这款网红美食有着类似焦糖布丁的外表，光看样子就已经流口水了。而且低糖低脂，再不用担心吃甜品带来的负担了。

用料

牛奶 240毫升	零卡糖 10克
鸡蛋 1个	玉米淀粉 30克

做法

1 鸡蛋打入容器中，加入零卡糖搅打均匀，留出15毫升左右备用。

2 加入牛奶、玉米淀粉，搅打均匀至无颗粒。

3 在不粘锅中倒入蛋奶液，小火加热，用硅胶刀不停地顺一个方向搅打。

4 待蛋奶液变成糊，倒入模具中，表面抹平，振一下，让表面平整。放凉后盖上保鲜膜，冷藏至凝固（2小时左右）。

5 将凝固的奶糊放在烤盘上，等分切开，刷一层蛋液。

6 放入烤箱，210℃烤20分钟，烤至表面变成焦黄色即可。

小贴士

① 蛋奶液加入玉米淀粉搅拌均匀后可以过筛两遍，这样做出的烤牛奶口感更细腻。
② 全程小火加热，不断搅拌，防止煳底。
③ 零卡糖的用量可以根据个人口味调整。
④ 具体烤制温度和时间根据自家烤箱性能掌握。

火龙果椰蓉奶冻

这款奶冻不仅有超高的颜值，还有超棒的口感，最重要的是它还能帮助补钙。而且火龙果膳食纤维丰富，牛奶富含蛋白质，再加上椰蓉，赶快试试吧。

用料

牛奶 240 毫升　　　　　红心火龙果 1/4 个

零卡糖 10 克　　　　　　椰蓉 适量

玉米淀粉 30 克　　　　　食用油 少许

🕐 15分钟　　△ 搅拌，煮
☆ 简单　　　🔥 616 千卡
✔ 低饱和脂肪 | 低胆固醇

做法

1　火龙果洗净，对半切开，果肉切小块。

2　取1/4火龙果肉，放入榨汁杯，倒牛奶，打成火龙果牛奶。

3　将打好的火龙果牛奶倒入大碗中，加零卡糖和玉米淀粉。

4　用硅胶刀搅拌均匀至无颗粒后倒入平底不粘锅中。

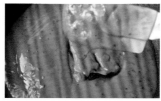

5　小火加热，并不断搅拌至出现的纹理不会立刻消失，提起能挂旗的状态，关火。

6　保鲜盒中刷一层薄油，将火龙果牛奶倒入盒中，冷却后加盖冷藏两三个小时。

7　取出后切成小方块。

8　裹满椰蓉后摆盘，可加小叶子装饰。

小贴士

❶ 喜欢奶味浓的还可以加一些奶粉。

❷ 水果可根据个人口味添加。

⏱ 15 分钟　◠ 煮
☆ 简单　◈ 841 千卡
✓ 低胆固醇

半糖蔓越莓奶冻

不用打发不用烤，用牛奶和蔓越莓干做个好看又好吃的半糖蔓越莓奶冻，清凉开胃。

用料

半糖蔓越莓干 50 克	玉米淀粉 60 克
牛奶 2 袋	椰蓉 适量
零卡糖 15 克	

小贴士

① 零卡糖的量根据个人口味增减。
② 用瓷制容器装做好的奶冻，冷却后更好脱出。

做法

1 将牛奶倒入大碗中，加零卡糖和玉米淀粉。

2 用硅胶刀搅拌均匀至无颗粒，倒入平底不粘锅中。

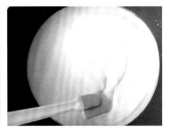

3 小火加热，不断用硅胶刀搅拌。

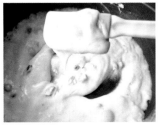

4 加入2/3半糖蔓越莓干，加热搅拌至出现的纹理不会立刻消失，用硅胶刀提起能挂旗的状态，关火。

5 将奶糊倒入碗中，撒剩余蔓越莓干，冷却后加盖冷藏两三个小时以上。

6 取出倒扣在案板上，切成大小合适的小方块。

木瓜奶冻

健康美味的小甜点，口感和味道
让人惊艳，奶冻细腻柔滑，木瓜
甜蜜绵软，自己动手做如此简单。

用料

木瓜1个	零卡糖10克
牛奶1袋	玉米淀粉30克

小贴士

① 木瓜内壁尽量挖得光滑点儿，做出
   来的成品会更漂亮。

② 可以加入一些奶粉，糖量根据个人
   口味适量增减。

⏱ 15分钟　　⌂ 煮
☆ 简单　　　❀ 468 千卡
✔ 富含维生素C ｜ 低饱和脂肪

做法

1　将木瓜洗净，从顶部四五厘米
处切开，用勺子挖去籽。

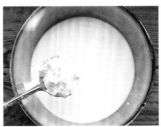

2　将牛奶倒入一个无油无水的容
器中，加入零卡糖和玉米淀粉，
搅拌均匀。

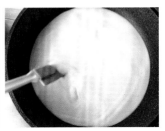

3　将搅拌均匀的牛奶倒进不粘锅
中小火加热，用硅胶刀顺一个方
向不停搅拌。

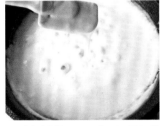

4　牛奶搅拌至无颗粒、顺滑、黏
稠状态，划出的纹路不会立刻消
失，提拉成缎带状落下。

5　将做好的奶冻倒入木瓜中，盖上
顶盖，放入冰箱冷藏3小时以上。

6　切开装盘。

酸奶燕麦脆南瓜杯

一人份的酸奶燕麦脆南瓜杯，好吃又饱腹，最主要的是还不用担心热量太多，当早餐或下午茶都可以。

用料

贝贝南瓜 1 个	水果燕麦脆
酸奶 1 盒	20 ~ 30 克

小贴士

南瓜富含蛋白质、维生素、脂肪、矿物质等多种营养成分，添加了水果燕麦脆可以增加饱腹感。

🕐 20 分钟 　 ⌒ 蒸、搅拌
☆ 简单 　 🔥 417 千卡
✓ 低热量 | 低脂 | 0 胆固醇

做法

1 贝贝南瓜洗净，切两半，挖去瓤。

2 上锅隔水蒸15分钟。

3 将蒸好的南瓜肉放入料理杯中。

4 加入酸奶。

5 打成酸奶南瓜糊。

6 将酸奶南瓜糊倒入杯中，加入水果燕麦脆。

蜜豆龟苓膏

🕐 15分钟　🍳 煮
☆ 简单　　◎ 248 千卡
✔ 低热量 | 低脂 | 低糖

龟苓膏是历史悠久的传统药膳，
如果感到消化不良、胃胀气，吃
上一碗就能开胃。

用料

龟苓膏粉 36 克	零卡糖 15 克
凉开水 100 毫升	蜜豆 1 勺
清水 800 毫升	桂花蜜 1 勺

小贴士

可以根据个人口味加入椰汁、时令水果
等，味道会更丰富。

做法

1　将龟苓膏粉用凉开水冲开，搅
拌至无颗粒，加入零卡糖。

2　锅中倒入清水煮沸，倒入龟苓
膏糊再次加热至沸腾，边加热边
搅拌。

3　将龟苓膏糊倒入容器中静置冷却
2小时左右，也可放凉后冷藏片刻。

4　将冷却好的龟苓膏从容器中
脱出。

5　切小块放入碗中。

6　加入蜜豆，淋上桂花蜜，可加
少许干桂花和薄荷叶装饰。

芒果黑糯米甜甜

- ⏱ 60 分钟　　△ 蒸、搅拌
- ☆ 简单　　　◎ 795 千卡
- ✓ 低糖 | 低饱和脂肪 | 低胆固醇

芒果清香，黑糯米软糯，这个好看又好吃的芒果黑糯米甜甜是低糖低脂的甜品。

用料

黑糯米 100 克	小芒果 2 个
酸奶 2 盒	零卡糖 适量

做法

1 黑糯米洗净，提前浸泡2小时以上。

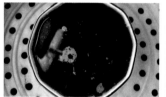

2 加入适量水，锅上汽后隔水蒸45分钟。

3 将蒸熟的黑糯米放凉，根据个人口味加入零卡糖。

4 用手蘸水，取适量黑糯米，攥紧后再搓成圆球。

5 芒果对半切成两片，将其中一片切成格子，剔下果肉。

6 另一片芒果切小块，加酸奶打成芒果奶昔后倒入杯中。

7 在奶昔上面放上黑糯米球。

8 摆上芒果块。可摆一片小叶子装饰。

小贴士

❶ 黑糯米必须提前泡2小时以上，一定要蒸熟。

❷ 揉黑糯米团时，手蘸清水可以防粘。

❸ 放冰箱冷藏后口感更佳。

咖啡豆豆小饼干

苦荞蛋糕粉做的低糖、无黄油、健康小零食，放肆吃，无负担。

用料

苦荞蛋糕粉 120 克	鸡蛋 1 个
可可粉 15 克	零卡糖 15 克
咖啡粉 5 克	玉米油 20 毫升

小贴士

① 咖啡粉和可可粉的用量可根据个人口味调整。
② 苦荞蛋糕粉可以用低筋面粉代替。
③ 切记控制好火候，全程小火加盖烘。
④ 可以换成烤箱烘烤。

⏱ 60 分钟　　🔥 烘
☆ 简单　　🔥 310 千卡
✓ 低糖

做法

1 鸡蛋打入容器，加零卡糖搅拌均匀。

2. 加入咖啡粉和可可粉搅拌均匀。

3 筛入苦荞蛋糕粉，倒入玉米油。

4 揉成光滑的面团，盖保鲜膜冷藏 1 小时。

5 取出面团，搓成长条。

6 切分成大小合适的面剂子（每个约 3 克），放手心里搓成椭圆形。

7 用刮板在面剂子上面压出印，做出咖啡豆的形状。

8 平底锅预热，放入生坯，小火加盖慢烘至底面微焦、表面完全干透、外表变硬。

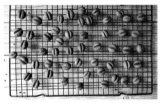

9 将烘好的咖啡豆豆小饼干放在面包架上放凉。

杏仁奶酥小饼

中式小甜点杏仁奶酥小饼，香脆的杏仁搭配酥香饼底，给味蕾带来丰富的层次感。小饼细腻酥香诱人，那种感觉是无法用好吃来定义的味道。

用料

低筋面粉 150 克	零卡糖 20 克
玉米油 50 毫升	盐 1 克
奶粉 15 克	蛋黄 2 个
泡打粉 1 克	杏仁 适量
耐高糖干酵母 1.5 克	

🕐 40 分钟　　🍳 烤
☆ 简单　　◎ 707 千卡
✔ 低胆固醇　富含维生素 E

做法

1 将低筋面粉、奶粉、泡打粉和耐高糖干酵母倒入容器中翻拌均匀。

2 将零卡糖、盐、玉米油和1个蛋黄放入容器里，用手动打蛋器搅匀，不要有结块。

3 把混合好的粉类过筛到蛋黄碗里，用硅胶刮刀翻拌均匀（一边拌一边朝下按压刮刀）。

4 拌至无干粉，面团油润。

5 将面团根据自家烤盘的大小分成等大的小面团，搓圆。

6 刷上蛋黄液。

7 在每个面团上按上杏仁。

8 烤箱180℃预热5分钟，将面团烤制15～20分钟。

小贴士

烤制时间要根据自家烤箱性能来设置，最后5分钟要多观察，以免颜色过深、烤煳，影响颜值和味道。

童年奶片

🕐 200 分钟　△ 烤
☆ 简单　　◎ 638 千卡
✓ 富含蛋白质 | 高钙

小时候学校门口卖的奶片还记得吗? 自己
做的奶片没有添加剂, 除了配方里用到的
橙汁外, 草莓汁、菠菜汁、南瓜汁等也可
以加入奶片里。发挥你的创造力, 各种口
味, 各种卡通形状都能做。

用料

奶粉 240 克	橙汁 10 毫升
炼乳 10 克	可可粉 5 克

做法

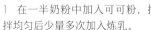

1　在一半奶粉中加入可可粉, 搅
拌均匀后少量多次加入炼乳。

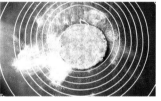

2　和成团, 压扁, 擀成厚3毫米左
右的片。

3　用压花模具压出造型。

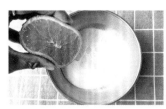

4　在剩余奶粉中挤入橙汁, 和面
后用压花模具压出造型, 做成橙
汁味的奶片。

5　将所有压好的奶片在网架上摆
开, 放入干果机。

6　60℃烘烤3小时。

小贴士

① 想吃原味的奶片可以把果汁替换成同等重量的牛奶或酸奶。原则也是少量多次加入, 不要一次加太
多, 每种奶粉的吸水率不同, 注意观察。
② 没有模具, 拿瓶盖也可以按压出造型。
③ 奶粉团刚揉好是软的, 但会越来越硬, 最后硬得像石头, 所以擀薄片一定要动作迅速。

椰蓉榴莲扭扭酥

- ⊙ 30分钟　⌂ 烤
- ☆ 简单　　◎ 354 千卡
- ✓ 营养均衡 | 低脂

这款用榴莲、椰蓉和蛋挞皮做的椰蓉榴莲扭扭酥，做法简单到极致，分分钟就能学会。

用料

蛋挞皮 6 个	零卡糖 10 克
榴莲肉 150 克	蛋黄液 15 毫升
椰蓉 20 克	黑芝麻 适量

做法

1 榴莲肉放入容器中，加入椰蓉和零卡糖抓拌均匀成馅料。

2 蛋挞皮从冰箱冷冻室取出，自然解冻10分钟，揭掉锡纸托，压扁成饼坯。

3 在饼坯上均匀铺一层椰蓉榴莲馅料。

4 在馅料上面再盖一层饼坯。

5 将饼坯切成4份后扭几圈。

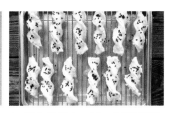

6 摆在烤架上，刷一层蛋黄液，撒上黑芝麻。

7 放进烤箱，180℃烤20分钟。

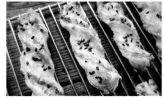

8 烤好后取出放凉。

小贴士

烤箱温度和时间根据自家烤箱性能调整。

脆皮蜜薯球

蜜薯中含有丰富的膳食纤维，有利于排毒养颜。蜜薯虽然味道甘甜，但热量很低，使其成为健美人士、减肥人士的理想之选。这道脆皮蜜薯球外酥里嫩，蜜薯和咸蛋黄的完美融合，吃完后有不一样的体验。

用料

蜜薯 2 个

薯片 1 袋

咸蛋黄调味料 30 克

⏱ 40分钟　△ 蒸、烤
☆ 简单　✿ 418 千卡
✓ 低脂 | 富含膳食纤维

做法

1 蜜薯洗净、去皮、切厚片。

2 上锅隔水蒸20～30分钟，筷子能戳透即可。

3 将蒸好的蜜薯用擀面杖捣成泥，加入咸蛋黄调味料。

4 戴好厨房手套抓拌均匀后团成小球。

5 将薯片包装袋剪开口，排气后用手使劲攥，将薯片攥碎。

6 将薯片碎倒进碗中，将团好的蜜薯球放进去裹一层薯片碎。

7 烤架上铺一层铝箔纸，将裹好薯片碎的蜜薯球摆在上面。

8 放进烤箱，180℃烘烤10分钟即可。

小贴士

❶ 可根据个人口味将咸蛋黄调味料换成芝士、蜜豆等。

❷ 烤箱温度和烤制时间根据自家烤箱性能调整。

蛋白椰丝球

- ⏱ 40分钟　🍳 烤
- ☆ 简单　　⚙ 789千卡
- ✔ 富含膳食纤维 | 低盐 | 低饱和脂肪

做法简单零失败，搅一搅拌一拌，烘焙新手也能成功做成的蛋白椰丝球，比买的好吃太多了。而且不含油脂，非常健康。

用料

椰蓉 100 克	蛋白液 70 毫升
低筋面粉 20 克	零卡糖 20 克
奶粉 20 克	

做法

1 把80克椰蓉、低筋面粉、奶粉、零卡糖混合搅拌均匀。

2 将蛋白液加入混合好的粉中。

3 用硅胶刀搅拌均匀。

4 揉成面团。

5 取一小块面团，搓成直径约2.5厘米的小球。

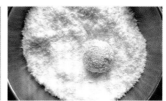

6 把小球在剩余椰蓉里滚一下，让小球的表面均匀地裹上椰蓉。

7 烤盘内铺上一层油纸，把裹好椰蓉的小球摆在油纸上。

8 烤箱150℃预热5分钟，烤30分钟左右，装盘后可用小叶子装饰。

小贴士

❶ 这款蛋白椰丝球烤的时间和温度很关键，用稍低的温度，较长的时间来烤才能烤透，让内部更香酥。

❷ 蛋白椰丝球不要做得太大，每个大小要均匀。

无奶油蜜豆蛋挞

一枚蜜豆蛋挞，将蛋挞的香酥酥皮、挞馅的软嫩柔滑、蜜豆的甜蜜香浓融于一体，再加点儿自己喜欢的水果，丰富中满溢着甜蜜滋味。

用料

蛋挞皮 6 个	蜜豆 适量
牛奶 100 毫升	水果 适量
鸡蛋 1 个	柠檬汁几滴
零卡糖 10 克	薄荷叶几片

🕐 40 分钟　　△ 烤
☆ 简单　　○ 731 千卡
✓ 低脂

做法

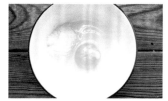

1 鸡蛋磕入碗中，加入零卡糖，还可以加几滴柠檬汁去腥。

2 用蛋抽把鸡蛋和零卡糖搅打均匀。

3 加入牛奶，再次搅打均匀后过筛两遍，口感更细腻。

4 将蜜豆平铺在蛋挞皮底部。

5 用勺子将蛋挞液倒入蛋挞皮中，倒九分满。

6 将蛋挞放入预热好的烤箱，210℃烤25分钟。

7 烤至蛋挞皮起酥分层，蛋塔液表面有点儿焦糖色。

8 烤好的蛋挞出炉，表面再加些蜜豆和自己喜欢的水果，插上薄荷叶装饰。

小贴士

❶ 蛋挞中的蜜豆和水果可以换成各种自己喜欢的食材。
❷ 烤制的时间和温度需要根据自家烤箱的性能调整。

蔓越莓蛋挞

⏱ 45分钟　🍳 煮、烤
☆ 简单　　981千卡
✓ 低脂

层层酥脆的外皮配上香甜嫩滑的内馅，让人很难拒绝。如果自己做的话，除了简单的原味，还可以加上些自制的蔓越莓果酱，那味道酸酸甜甜，使得蛋挞的口感更有层次。

小贴士

❶ 果酱凉后，可以装入干净、无水无油的密封罐，放入冰箱冷藏储存。

❷ 如果果酱想要淋在冰激凌、布丁、华夫饼上面，可以多留一点儿汤汁。如果想要泡水果茶，就要收干一些，这样才会好喝。如果要涂面包、吐司，作为佐餐果酱，就要再收干一些，味道才会浓郁。

用料

蛋挞皮 6 个	蔓越莓干 适量	鸡蛋 1 个	冰糖 50 克	薄荷叶几片
鲜蔓越莓 400 克	牛奶 100 毫升	零卡糖 10 克	柠檬 1/2 个	盐 适量

做法

1 将鲜蔓越莓用清水冲洗干净，放入凉水里，加适量盐浸泡10分钟左右，冲洗并沥干。

2 取一半蔓越莓放入料理机，加适量水打成果泥。

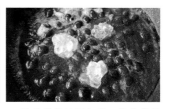

3 将蔓越莓果泥和剩下的蔓越莓放入不粘锅，加冰糖大火煮开。

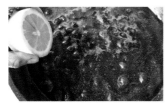

4 可挤入适量柠檬汁，增添果胶，使成品更浓稠。

5 煮至浓稠的时候转中小火，不时用硅胶刀搅拌，以免煳底。熬煮到想要的浓稠度即可。

6 鸡蛋磕入碗中，加入零卡糖和几滴柠檬汁去腥。用蛋抽搅打均匀。

7 再加入牛奶，再次搅打均匀后过筛两遍，口感更细腻。

8 将蔓越莓果酱平铺在蛋挞皮底部。

9 用勺子将蛋挞液盛入蛋挞皮中，九分满。

10 将蛋挞放入预热好的烤箱，210℃烤25分钟。

11 烤至蛋挞皮起酥分层，蛋塔液表面有点儿焦糖色时出炉。

12 表面再加点儿蔓越莓干，插上薄荷叶装饰。

抹茶蜜豆毛巾卷

① 30 分钟　　△ 烘烤
☆ 简单　　　◎ 1254 千卡
✓ 低脂

网红甜品，口感香甜不腻，外层是抹茶千
层皮，里面是淡奶油夹馅。用茶油代替黄
油，吃起来更加健康。

用料

鸡蛋 3 个	牛奶 1 盒	蜜豆 适量
低筋面粉 100 克	淡奶油 1 盒	茶油 20 毫升
抹茶粉 15 克	零卡糖 10 克	糖粉 少许

做法

1 鸡蛋磕入碗中，加入零卡糖，打散成均匀的蛋液。

2 在蛋液中加入牛奶、低筋面粉和8克抹茶粉，搅拌成无颗粒的粉糊。

3 加入茶油，搅拌均匀后过筛两遍。

4 将淡奶油倒入无水无油的容器中，加入少许糖粉打发至提起有小勾即可。

5 不粘平底锅中刷一层薄油，将粉糊盛起一勺倒入锅中，晃动锅子铺匀。

6 小火加热至饼皮起大泡即可，不用翻面。

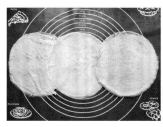

7 将饼皮从锅中倒扣在硅胶垫上（在锅中朝上的一面朝下），做三张饼皮，叠放。

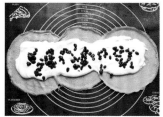

8 在饼皮上铺上打发的奶油，撒上蜜豆。

9 把两排侧边向内折，然后沿一边卷起，筛上剩余抹茶粉。

10 用蕾丝纸包起，用麻绳扎个漂亮的蝴蝶结，装盘。

小贴士

搅拌均匀的粉糊多过筛几遍，做出的饼皮会更加细腻。

全麦吐司香蕉派

- ⏱ 10分钟　⌓ 烘烤
- ☆ 简单　⚙ 251千卡
- ✓ 低盐｜低脂

无油低卡，没有烤箱也可以做的香蕉派，口感特别酥脆，特别好吃。

用料

全麦吐司3片

香蕉1根

鸡蛋1个

做法

1 香蕉去皮、切片，用擀面杖捣成香蕉泥。

2 鸡蛋打散成蛋液。

3 将吐司去边。

4 用擀面杖擀平，在一侧划上三道口。

5 在另一侧铺上香蕉泥，边上涂蛋液。

6 对折，用叉子压紧。

7 平底锅预热，不放油，将香蕉派中小火烘至一面金黄后翻面。吐司边可以切成小块一起下锅。

8 烘至两面金黄焦脆后出锅，装盘后可用小叶子装饰。

小贴士

❶ 香蕉要化在吐司里才美味，所以香蕉要挑比较熟的。

❷ 不要放油。

椰香蜜薯派

⏱ 60 分钟　　◻ 烤、蒸
☆ 简单　　⚙ 1422 千卡
✓ 富含膳食纤维 | 富含维生素 E

如果你吃腻了苹果派、香蕉派，那就试试
这道无黄油的蜜薯派。与椰蓉绝妙配搭，
告别甜腻，回味无穷。

用料

低筋面粉 100 克　　　　　盐 1 克

蜜薯 250 克　　　　　　　椰蓉 适量

蛋黄 1 个　　　　　　　　玉米油 50 毫升

零卡糖 10 克

做法

1　蜜薯去皮、切厚片，隔水蒸
25~30分钟后捣成泥，放凉。

2　低筋面粉中加零卡糖、盐、玉米
油和蛋黄，用硅胶刀搅拌成絮状。

3　揉成光滑的面团，用保鲜膜封
起来，放入冰箱冷藏1小时。

4　将冷藏好的面团取出后擀薄，
放入派盘中。

5　用叉子在底部扎一些排气孔。

6　将派皮放入预热好的烤箱，210℃
烤15分钟。

7　取出派皮，填上蜜薯馅，均匀
地撒上一层椰蓉。

8　再放入烤箱，210℃烤30分钟，
出炉后可用小叶子装饰。

小贴士

如果蒸出的蜜薯馅有点儿干，
可以加入适量牛奶，做出带
奶香味的蜜薯派也很好吃。

铃铛烧

谁说没烤箱就做不了烘焙？马上分享一款不用烤箱、无油、低糖、低卡的解馋小零食给你。

用料

苦荞蛋糕粉（或低筋面粉）200 克　　酵母粉 2 克

鸡蛋 3 个　　红豆沙馅 36 克

牛奶 80 毫升　　盐 1 克

零卡糖 15 克

做法

1　将鸡蛋磕进容器，加零卡糖和盐，搅拌至糖和盐完全化开。

2　加入牛奶搅拌均匀。

3　加入酵母粉和过筛的苦荞蛋糕粉。

4　用筷子画"Z"字形，将粉糊搅拌至无颗粒，用筷子提起，粉糊落下时呈缎带状。

5　将调好的粉糊静置15分钟，酵母粉会让粉糊表面起一些小泡。

6　将章鱼小丸子锅预热，倒入约八分满的粉糊。

7　在粉糊没鼓起前，快速在一半粉糊上每个放约3克红豆沙馅，中火加热。

8　在粉糊表面还有些湿润时，将未放馅料那一半盖到有馅料的上面。

9　翻动加热到自己喜欢的颜色和口感即可。

小贴士

牛奶的量可根据所用面粉吸水率不同来增减。

荞麦仙豆糕

⏱ 20分钟　　⌂ 烘烤
☆ 简单　　　◎ 620千卡
✓ 低糖

这款荞麦仙豆糕的主要原料是苦荞蛋糕粉
和自制红豆沙馅，糖分很少，淡淡的甜，
脂肪含量也很低，对于减脂的人而言，无
疑是健康的精致小甜点。

用料

苦荞蛋糕粉（或低筋面粉）100 克 ｜ 鸡蛋 1 个 ｜ 玉米油 10 毫升 ｜ 椰蓉 20 克
玉米淀粉 20 克 ｜ 零卡糖 10 克 ｜ 红豆沙馅 100 克

做法

1 在苦荞蛋糕粉中加入玉米淀粉，搅拌均匀。

2 加入零卡糖搅匀后打入鸡蛋，放玉米油，搅拌成絮状。

3 揉成光滑的面团，盖保鲜膜醒 15～20 分钟。

4 搓成长条，分割成大小合适的面剂子，用保鲜膜盖住防干。

5 在红豆沙馅中加椰蓉，抓拌均匀。

6 搓成大小合适的豆沙馅。

7 将苦荞面剂子按扁，包入豆沙馅。

8 收口成圆球。

9 整理成方形。

10 平底不粘锅预热，放入仙豆糕坯，中小火慢慢加热，注意翻面。烘到自己喜欢的颜色出锅即可。

小贴士

❶ 面剂子要用保鲜膜盖一下防干。
❷ 给仙豆糕加热时要 6 个面都烘到。
❸ 可以根据个人口味换成别的馅，或加入芝士做成爆浆的。

舒芙蕾

上桌时松软，入口如一朵甜丝丝的云，轻轻一抿就散发出甜蜜浓郁的香气，这就是舒芙蕾，里面大量的空气让它仿佛在呼吸。

用料

低筋面粉 40 克	酸奶 20 克
鸡蛋 2 个	零卡糖 15 克

小贴士

① 切记打发蛋清的容器一定要无油无水。

② 翻拌面糊时要上下翻拌，不要打圈，打圈容易消泡，会导致膨不起来。

③ 做好的舒芙蕾会回缩一点儿，这是正常现象。

🕐 20 分钟　⌂ 烘烤
☆ 简单　　◎ 436 千卡
✓ 低糖

做法

1　将蛋清和蛋黄分离，分别放入无水无油的容器中。

2　在蛋黄中加入酸奶，搅拌均匀。

3　低筋面粉过筛后加入蛋黄液中，慢慢搅拌至浓稠。

4　在蛋清中分三次加入零卡糖，用打蛋器打至干性发泡。

5　取 1/3 打好的蛋白霜，加进蛋黄糊中，用硅胶刮刀上下翻拌。

6　将翻拌好的蛋黄糊放入剩下的蛋白霜中，用硅胶刮刀上下翻拌均匀。

7　将蛋糕用勺放进平底不粘锅，盖上锅盖，小火烘烤两三分钟。

8　底面能用铲子轻轻铲起时翻面，再加盖，小火继续烘烤两三分钟。

9　出锅后可淋酸奶，搭配喜欢的水果，用小叶子装饰。

燕麦坚果能量棒

🕐 15 分钟　　△ 烘烤
☆ 简单　　◎ 689 千卡
✓ 低糖

这道能量棒无油无糖，还能补充能量，甜香袭人，元气满满。

用料

即食燕麦 90 克　　　每日坚果 50 克

香蕉 1 根　　　　　奶粉 25 克

鸡蛋 1 个

做法

1 香蕉剥皮后切片，用擀面杖捣成泥。

2 在香蕉泥中加入鸡蛋、即食燕麦和奶粉，搅拌均匀。

3 放入每日坚果，戴厨房一次性手套抓拌均匀。

4 将香蕉泥铺入平底不粘锅，不用放油，中小火烘烤至一面微焦。

5 翻面，加盖烘烤至内部熟透。

6 出锅后放凉、切条，用油纸包好，用麻绳系好装盘。

小贴士

烘烤过程中注意及时翻面。

图书在版编目（CIP）数据

日日轻食：低油少糖的减脂家常菜 / 沙小囡著
. —北京：中国轻工业出版社，2024.7
ISBN 978-7-5184-4630-8

I. ①日… II. ①沙… III. ①减肥—家常菜肴—菜谱
IV. ① TS972.127

中国国家版本馆 CIP 数据核字（2023）第 213207 号

责任编辑：胡　佳　　责任终审：高惠京
设计制作：锋尚设计　责任校对：朱燕春　责任监印：张　可

出版发行：中国轻工业出版社（北京鲁谷东街5号，邮编：100040）
印　　刷：北京博海升彩色印刷有限公司
经　　销：各地新华书店
版　　次：2024年7月第1版第2次印刷
开　　本：710×1000　1/16　印张：12
字　　数：200千字
书　　号：ISBN 978-7-5184-4630-8　定价：49.80元
邮购电话：010-85119873
发行电话：010-85119832　010-85119912
网　　址：http://www.chlip.com.cn
Email：club@chlip.com.cn